またそれが適切な選定かどうか、効果が出ているのかわからないままに特定のツールを使い続けている経営者様もいらっしゃいます。**本書では「おすすめのツールと優先順位」「その理由」「各ツールの活用ポイント」**をお話しさせていただきます。

筆者は**【無理をするのではなく「効率よい」「無駄のない」「できる限りお金をかけない」Web活用法】**を提案しています。

Webは、あくまで「道具」であり、それをすべて使い倒すことが目的ではありません。道具を効率よく効果的に使い、中小企業様やお店様が「本来の魅力、強み、素晴らしさ」を伝えて「多くのお客様に喜んでいただく」ことが目的だと思います。

本書は「Webを活用したいけど、何からどうすれば……」とお困りの経営者様に最初にいただきたい書籍として記しました。

◉Web活用をはじめるにはどうするか?
◉Web販促を改善するにはどうするか?
◉Web活用について困ったらどうするか?

について、セミナーでお話をしている雰囲気で書かせていただきました。

第1章では、「Web」を使うことがなぜ集客につながるのか。またどんなツールが使え

整理し、Web集客を実践中の小規模事業者様の例を挙げます。

第2章では、小売飲食、サービス業、法人向けのビジネスで「優先すべき」Ｗｅｂツールをご提案します。日々お忙しいなかでＷｅｂ活用に取り組む際、「効率よいツール選択」の視点は欠かせません。

第3章では、地域密着のご商売に欠かせない「Google ビジネスプロフィール」（Google マップ活用）について、情報整備やクチコミ対応についてご提案します。

第4章では、多くの利用者がいる「Instagram」の活用についてご提案します。お手元のスマホでその日のうちにはじめられる Instagram は、特に小売飲食業様にうってつけです。

第5章では、地域情報に強く情報拡散性や速報性にも優れている「Twitter」の活用についてご提案します。Instagram や Twitter はネットショップ様にも向いているツールです。

第6章では、既存客のリピート購入、再来店に有効な「ＬＩＮＥ公式アカウント」の活用についてご提案します。クーポンやショップカードなど、個人のＬＩＮＥとは違った操作、活用法になります。

第7章では、多くのかたに馴染みがある「Facebook」について、まだ続ける？ もうやめる？ の判断のために改めて活用法を整理します。

第8章では、お客様に最終判断を促す重要ツール「ホームページ」について、その意味や制作委託する場合の費用感、注意点をお伝えします。

第9章では、「ブログ」「YouTube」についてその活用を考えます。さまざまな側面がある「ブログ」「YouTube」ですが、検索に強いという点にフォーカスしてお伝えします。

第10章では、ネットショップについて考えます。ネット販売をはじめるにはどうするか、また好事例をご紹介します。

第11章では、情報発信には欠かせない「お客様目線」という視点について、事例を交えて解説します。またアクセス解析の必要性をお伝えします。

第12章では、Ｗｅｂ活用について過去20年でよく聞かれたご質問にお答えするとともに、Ｗｅｂ活用の効率化についてご提案します。

本書をもとに「効率よく」「効果的に」Ｗｅｂ活用に取り組み、ご商売繁盛につなげていただくことを願っています。

それではＷｅｂ活用の「超基本」について、ご一緒に確認していきましょう。

そもそもWeb集客って？

1 Web集客は必須なの？ どんな成果があるの？……014
2 なぜWeb集客でお客様が来るの？……018
3 どんなWebツールがあるの？……020
コラム 事業拡大と事業承継、そのそばにずっと「Web活用」……024
章末 まずは、やってみましょう

chapter
2

あなたが注力すべきツールはどれ？

1 業種、業態にあったツールを選ぼう……028
2 「モノを個人に売る」ご商売のおすすめWebツールはコレ！……030
3 「サービスを個人に売る」ご商売のおすすめWebツールはコレ！……034
4 「サービスを法人に売る」ご商売のおすすめWebツールはコレ！……036
5 ツール選定のコツと、情報発信の頻度……038
章末 まずは、やってみましょう

地域密着の商売には欠かせない「Googleビジネスプロフィール」の超基本

1 「Googleマップ」からお客様がやってくる……044
2 一般人が情報を修正？ マップの店舗情報を放置するリスク……048
3 基本はオーナー確認と情報整備をするだけ……052
4 クチコミ対応がお店の印象をよりよくする……056
5 ホームページとSNSを充実させてマップ活用を確かなものにしよう……060
章末 まずは、やってみましょう

実は検索ツールだった！「Instagram」の超基本

1 画像×情報収集ツール、Instagram……064
2 「インスタ映え」は関係なし！ 画像検索を通して新規客に出会う……066
3 画像は何を投稿すればいいの？……070
4 基本の投稿は手間いらず&ビジネス用の設定……072

5 自社に合うお客様に出会える短編動画「リール」……074
6 ネットショップとの連動と、実演販売機能「インスタライブ」……076
7 ピンポイントで潜在的ユーザーに届く「Instagram広告」……078
章末 まずは、やってみましょう

chapter 5 タイムリーな情報を広げる「Twitter」の超基本

1 地域情報に強いTwitterを地域密着の店舗経営に活かす！……084
2 Twitterは、知り合い以外にも情報が広がりやすい……088
3 「店頭の看板」のように気軽に発信……092
4 フォロワーは多ければ多いほどいい？……094
5 Twitterでお客様のニーズを知る方法……098
コラム Twitterを使うと新聞やテレビに取り上げられる？……099
章末 まずは、やってみましょう

chapter 6 新規ではなくリピート施策「LINE公式アカウント」の超基本

chapter 7 もう古い？ どうする？「Facebook」の超基本

1 既存客のリピート利用を生むFacebook……120
2 知り合いに近況を伝えることが、「紹介」につながることも……124
3 「Facebookグループ」でお得意様と交流できる……126
4 「Facebookページ」なら検索から見つけてもらえる……128
章末 まずは、やってみましょう

chapter 8 最後の確認場所「ホームページ」の超基本

1 「ホームページが最初の接点」という時代は終焉……134

1 LINE公式アカウントがリピート施策になる理由……102
2 LINE公式アカウントでは「お得情報」が求められている……106
3 「友だち」を増やすことが、リピーターの増加に直結する……110
4 LINE公式アカウントを「交流ツール」として使うケース……114
5 紙のスタンプカードを廃止できる？「LINEショップカード」……116
章末 まずは、やってみましょう

chapter

検索の受け皿になる「ブログ」「YouTube」の超基本

1 検索結果にブログやYouTube動画がよく出てくる理由とは?……156
2 ブログは情報資産 ~ネット上に「蓄積」される経営効果……158
3 ブログにはどんなことを書けばいい?……164
4 雰囲気や手順、コツを動画で発信! YouTube活用……172
5 頑張る必要なし! 動画制作のヒント……174
章末 まずは、やってみましょう

chapter

単なる「レジ」に過ぎない「ネットショップ」の超基本

1 ネットショップを作れば売れる？……178
2 ネットショップ開始の手段は4つ……180
3 ネットショップ好事例から学ぶエッセンス 5選……188
章末 まずは、やってみましょう

chapter

発信／投稿も、すべては「お客様目線」でうまくいく

1 「自社目線」だから反応が悪くなる……196
2 「キーワード」に関する基礎知識……198
3 検索エンジンそのものが、「お客様目線」を志向している……204
4 「お客様目線」の実践❶ 対象者を絞る……208
5 「お客様目線」の実践❷ メリットを訴える……212
6 「お客様目線」の実践❸ 事例（エピソード）を紹介する……216
7 「お客様目線」の実践❹ 不安と疑問を解消する……220
8 「お客様目線」の実践❺ 行動を呼びかける……224
9 「ネット上の評判」を力に変える方法……226
10 アクセス解析で「お客様目線」の検証をする……230
章末 まずは、やってみましょう

chapter

Web集客 お悩み解決 相談室

1 「炎上」が怖くてWeb集客を躊躇するあなたへ……236
2 Web集客で気を付けたいポイント……238
3 ブログを書くなら「○○文字以上」って本当ですか？……240
4 Web集客でもむしろ重要な「アナログ施策」……242
5 ちょっとした言葉遣いでうまくいく……244
6 人手が足りない、時間がない……Web集客を効率化するコツ……246

そもそも
Web集客って?

chapter 1

1 Web集客は必須なの？どんな成果があるの？

経営戦略によるが新規集客は可能

私の住む近所に「珈琲豆吉」という自家焙煎珈琲店様があります。

とても近所であること、また偶然ながら店主が私の高校の先輩であることから、お店によく行くようになりました。

ブラジルやコロンビア、キリマンジャロなど定番的な品種の豆が多いですが、その農園を細かく指定して入荷するなど、非常にこだわっているお店です。本当に美味しいコーヒーを提案してくれ、私は珈琲豆吉さんが大好きです。

私は仕事柄もあって、このお店のＷｅｂ集客について店主と話すこともあります。しかし一貫して店主は**「一切のＷｅｂ集客、Ｗｅｂ活用をしない」**とおっしゃっています。かなり頑固な店主です。

事実、ホームページやブログ、Googleビジネスプロフィール、InstagramやTwitter、ＬＩＮＥやYouTubeなど、一切のＷｅｂ活用をしていません。しかし平日などでもお客さんが頻繁に来店するなど、固定客や馴染み客に愛され、またそのお客さんがクチコミで紹介するなどして、売上も年々確実に上がっているようです。

「ホームページコンサルタント」である私が言うのもおかしいかもしれませんが、**ホームページをはじめとしたＷｅｂツールは「使わなくてはならないもの」ではありません**。あくまで道具に過ぎないのです。

Ｗｅｂツールを使って集客をしたほうが幸せなのか？　しなくてもじゅうぶんなのか？　これは冷静に考えてもよいと思います。Ｗｅｂは多くの消費者と接点が生まれやすく新規集客に大いに役立ちますが、おのずと「意図しないお客様」も誘引してしまうことがあります。これがお店にとってよいことなのかどうかは、経営戦略によると思います。

しかし、この本を手に取っていただいた多くの読者様は、「新規のお客様に来ていただきたい。その手段として、Ｗｅｂという手段も検討したい」という経営者様だと思います。

Ｗｅｂツールは広く周知できる道具ですので、使いかたを間違わなければ確実に「新規集客」という成果は得られます。

Web集客をしたほうが幸せ？

目的を定める

ここでお考えいただきたいのは、「来店、資料請求、メール問い合わせ、注文、イベント来場」など、「目的」を定めていただくことです。

Web集客についてのご不満の中でも多いのは「思ったような成果が出ない」ということですが、この**「成果」をどのように計るのかがはっきりしていない事業者様もいらっしゃいます。**

◉新規来店が増え、会話の中で聞くと「ネットを見て来ました」というお客様が増えた
◉ネット経由の資料請求が増えた
◉ネットショップの売上が増えた

など、事業者様によって期待する成果はさまざまです。それを定めないままにWeb集客を進めても、何が成果なのかよくわからないので、おそらく疲労感や虚無感だけが残って「ネット活用は難しいですね」という感想で終了してしまいます。

ときおり見直すにしても、Web集客の「目的」を定めて実践していくことで、**売上アップだけでなく経営者様やスタッフ様の満足感、充実感、ひいては働きがい、生きがいを生み出すもの**と思います。

Web集客、4つのメリット

事業者様がＷｅｂという道具を活用することで得られる4つのメリットを挙げさせていただきます。どれかに当てはまるのであれば、これからぜひ「Ｗｅｂツールの使い分け」をご一緒に考えていき、楽しく取り組んでまいりましょう。

❶新規の顧客接点が生まれる……Ｗｅｂを適切に使うと新規客が増えます **【売上アップ】**

❷距離に関係ない集客ができる……Ｗｅｂを適切に使うと遠くのお客様に出会えます **【売上アップ】**

❸顧客ニーズが把握できる……Ｗｅｂを適切に使うとお客様の反応を確かめることができます。また消費者の生の声もネット上にたくさん掲載されています **【マーケティング】**

❹コミュニケーションが取れる……Ｗｅｂを適切に使うと既存客との「つながり」を持つことができます **【顧客関係維持によるリピート購入、クチコミの創出】**

2 なぜWeb集客でお客様が来るの？

ではなぜ「Ｗｅｂ」という道具を使うと、これらのメリットが得られるのでしょうか？　さまざまな切り口があると思いますが、ここではＷｅｂの特性を２つに分けてご紹介します。

①Webは「巨大書庫」

Ｗｅｂは巨大なデータの集積です。和風に言えば「巨大書庫」と言えるかもしれません。

一般消費者は**Ｗｅｂという巨大書庫内で検索**を行うことで、「そのお店や会社を訪問することなく（知られることなく）」「いつでも」「自分の都合のよいタイミングと回数で」下調べをすることができます。この特性を「冷やかし」と表現した経営者様がいらっしゃり、とても的を射ていると思います。

つまり、**お店や会社など事業者様は、Ｗｅｂという巨大書庫に情報を掲載しておくことで、この「下調べ」の場に無制限で参加できる**わけです。比較検討の候補になるチャンスが無限に

あるとも言い換えられます。

②Webは「集会所」

先ほどは「下調べされる」というWebの特徴をお話ししました。では全国民が24時間ずっと「明確な意図を持って下調べをしているか」と言えば、そうではありません。

「何か目新しいことはないかな」
「どこか面白い旅行先はあるのかな」
「今年のお歳暮は何を贈ろうかな」

など、「明確な欲求を持っていない」「漠然とした」ユーザーもWebの中には多数います。

その「明確な欲求を持っていない」「漠然とした」ユーザーも含め、**「多くのネットユーザーが集っている場」がSNS**です。

私はSNSのことを平易に表現するとき、「ネット上の集会所」と例えています。実際には見えないけれども、ネットの中に数千万人が集う巨大な集会所があって、そこにユーザーが出たり入ったりしている感じです。つまり、この「巨大な集会所」にて、**お店や会社など事業者様は、自社の特徴や取り組み、利用エピソードなどを「無料で繰り返し伝えることができる」**というチャンスがあるのです。

chapter 1

3 どんなWebツールがあるの？

これまで見てきたように、Ｗｅｂを使って新規のお客様に来ていただきたいと願うとき、大きく分ければ、

◉ **検索に対応する方法**
◉ **SNSに対応する方法**

があります。

調べものの「検索」と、おしゃべりの場である「SNS」は利用のされかたが異なります。また、巨大書庫にある情報はSNSにはほとんど流れてこず、またSNSでおしゃべりされていることのほとんどは巨大書庫に格納されないので検索エンジンでほとんどヒットしません。

やることも手段も多いように思えるＷｅｂ集客ですが、基本的にはこの2つの方法に向き合い、あせらずコツコツと取り組んでいただきたいと願っています。

検索に対応するWebツール

ここで、「検索」「SNS」それぞれに対応するＷｅｂツールを簡単に確認しておきましょう。まず「検索

に対応する」ツールには、Google(グーグル)ビジネスプロフィールやブログ、YouTube(ユーチューブ)動画があります。もちろんホームページも検索対応ツールとしてじゅうぶん機能します。

■Googleビジネスプロフィール

スマホユーザーの多くが使っている**「Googleマップ」に載っているお店情報を、お店様側で整備活用する仕組み**を「Googleビジネスプロフィール」と言います。Googleビジネスプロフィールは一切無料で利用できます。実際の「来店」を促せるだけでなく、ホームページや他SNSなどへの誘導も可能です。詳しくは第3章でお話しします。

■ブログ　もしくは　YouTube

ブログやYouTubeは、端的に表現すれば**「検索エンジン(特にGoogle)と非常に相性がよいWebツール」**と言えます。

お客様が「知りたい、調べたい、確認したい、不安や疑問を解消したい」ということに合致する内容をブログやYouTubeで発信しておくと、それが「検索対象」としてずっと見込客との接点を生み出すのです。

ブログやYouTubeの活用については第9章でお話をいたします。

■ホームページ

会社の顔とも言える「ホームページ」は、特に**BtoBのビジネスでは最重要**になります。新規取引先を検討するとき、またそれを上長に稟議するときも、ホームページの内容が吟味されることでしょう。

ホームページの勘所は「取引に際しての不安や疑問を解消する」ことに尽きます。ホームページについては第8章でお話しします。

SNSに対応するWebツール

一方の「SNS」は、Instagram（インスタグラム）やTwitter（ツイッター）、LINE（ライン）公式アカウント、Facebook（フェイスブック）などがあります。細かく言えばTikTok（ティックトック）もSNSですし、stand.fm（スタンドエフエム）などの「音声メディア」もSNSと言えるでしょう。

■Instagram

商品や料理といった**「見ればわかる」商材を扱う小売・飲食店様は、ビジュアルで見せるSNSである「Instagram」がとても向いています。**欲しい！食べたい！という物欲を直撃するのがInstagramです。たくさんの写真、動画が集まるInstagramは、さながら「画像検索ツール」です。画像で欲しいものを探してからお店に行くという仕組みが作れるInstagramの活用については、第4章でお話しします。

■Twitter

Twitterは、**地域情報に強く、また情報拡散性が高い**という特性があ

求人を目的にする場合

B to Bのビジネスではホームページが最重要とお話ししましたが、「求人」を目的にする場合は、求職者という「個人」を対象に情報発信をしていくという観点から、ホームページをしっかり作ったあとは、Instagram や Twitter も使って求職者との接点を生み出すこともおすすめします。

るＳＮＳです。地域で頑張る小売・飲食業様には、「地域の」「新規の」お客様に出会うためにもTwitterをぜひ実践いただきたいと思います。Twitterの活用については第5章で考えてまいりましょう。

■ＬＩＮＥ公式アカウント

何度もご来店いただくために、お客様と**「ご縁をつなげておくツール」**は不可欠です。ＤＭハガキやポイントカードなどアナログ手法も非常に有効ですが、多くのお客様が使っている「ＬＩＮＥ」を活用していきましょう。ＬＩＮＥ公式アカウントの活用については第6章で考えていきます。

■Facebook

利用者が減ってきたFacebookですが、実名登録という特徴や、友人知人とずっとつながれるという特性、また中高年以上もよく使っている観点から、**ＢtoＢのビジネスではまだ捨てがたいＳＮＳ**です。Facebookについては第7章でお話をいたします。

事業拡大と事業承継、そのそばにずっと「Web活用」

とある個人向けサービス業の経営者A様との出会いは19年ほど前になります。私が講師を務めるセミナーに頻繁に参加してくださって、ご参加はこれまで20回ほどになります。

「毎回、基本的な内容を繰り返しお伝えしていますが、なぜこんなにたくさん参加してくださるのですか?」とお尋ねしたことがあります。A様は笑いながら「私は基本が一番大事だと思っています。基本を体に沁み込ませるために、毎回はじめて聴くつもりで参加させていただいています」とおっしゃいました。

もともとすでに自作ホームページがありましたが、セミナーでのご提案通り、

▼ホームページの内容と表現の改善
▼ブログ活用
▼Facebook 活用
▼Twitter 活用
▼Instagram 活用
▼Google ビジネスプロフィール活用

を無理なく楽しく実践なさっています。あわせて、本体ホームページの他に、事業拡大にあわせてテーマ特化型ホームページを自作で作成されました。

「●●のページを改善したらさっそくお客様から反響がありました！　これからもWebの手入れを怠らず頑張っていきます。」とメッセージをお寄せいただいたA様ですが、悲壮感はなく、いつもニコニコされています。

A様の「楽しく続けられるツール」は「ブログ」のようです。よく検索される商売であるA様がブログを重視するのは理に適っています。

ブログを基盤としつつ、そこから転用する形でSNSなども自然に無理なく活用なさっています。

一方でシャイなA様は顔を出す動画は苦手のご様子で、YouTube活用は未着手のようです。でも、それでよいのです。「無理なく長くずっとやる」のがWeb活用の鉄則です。

いまは息子さんに事業の教育と承継を図っているご様子で、息子さんも先日セミナーにご参加くださいました。暑い日も寒い日も現場に立ちながら、時間を見つけてはWebの「手入れ」をコツコツ行うA様は、事業も好調であり、Web活用を進める中小事業者様の模範のようです。

まずは、やってみましょう

◉お客様がどのようにネットに触れているか体験するため、ご自身でもネットを「見て」みましょう。Google 検索で出てくる会社、Google マップで見つかる会社を確認しましょう。Twitter などＳＮＳや YouTube も覗いてみて、どんな会社がどのような発信をしているか、まずは「見て」みましょう。

chapter 2

あなたが注力すべきツールはどれ?

1 業種、業態にあったツールを選ぼう

Ｗｅｂツールは「道具」です。業種だけでなく「業態」に応じて選定をしていきましょう。例えば「洋品店」様でも、業態として店頭販売がメインの場合と、ネットショップがメイン（もしくはその専業）の場合とでは道具の選びかたは異なります。Ｗｅｂツールは経営戦略や営業方法に応じて使い分けをしていきましょう。

どうやってツールを選べばいいの？

それでは事業者様は、どの道具（Ｗｅｂツール）を重視すべきでしょうか。ひとつの判断方法は**「よく検索される商売かどうか？」で判断すること**です。読者様も「消費者」の立場で、お店や企業を探すことは多いと思います。そのご経験をもとに考えてみてください。

まず、**消費者の立場で「よく調べてよく吟味したい」商品／サービスを提供する事業者様は、「検索に対応する方法」という道具を使うことが向いている**と思います。巨大書庫としてのＷｅｂにおいて、お客様に思う存分「下調べ」をしてもらう、ということです。

ごく一例としては、リフォーム店、不動産業、学習塾、ＢtoＢ（法人間取引）の企業などです。

ちなみに、私は個人事業主としてコンサルタント業をしています。BtoBの商売になりますので、「検索に対応する方法」を重視しています。

一方で、消費者の立場で「よく調べてよく吟味したい」というより**「感覚、センスで選ぶことが多い」商品/サービスを提供する事業者様は、「SNSに対応する方法」という道具を使うことが向いている**と思います。多くの人が集まる「集会所」でアピールし、自社の商品/サービスを見つけてもらいましょう。

ごく一例としては、宝飾店、飲食店、生花店、美容関係、観光業のお店や企業などです。

もちろん、「検索に対応する方法」「SNSに対応する方法」の両方をやることをおすすめしますが、どちらかを重視すると考えたほうが、Web集客を取り組みはじめやすいと思います。

消費者の立場で考えてみる

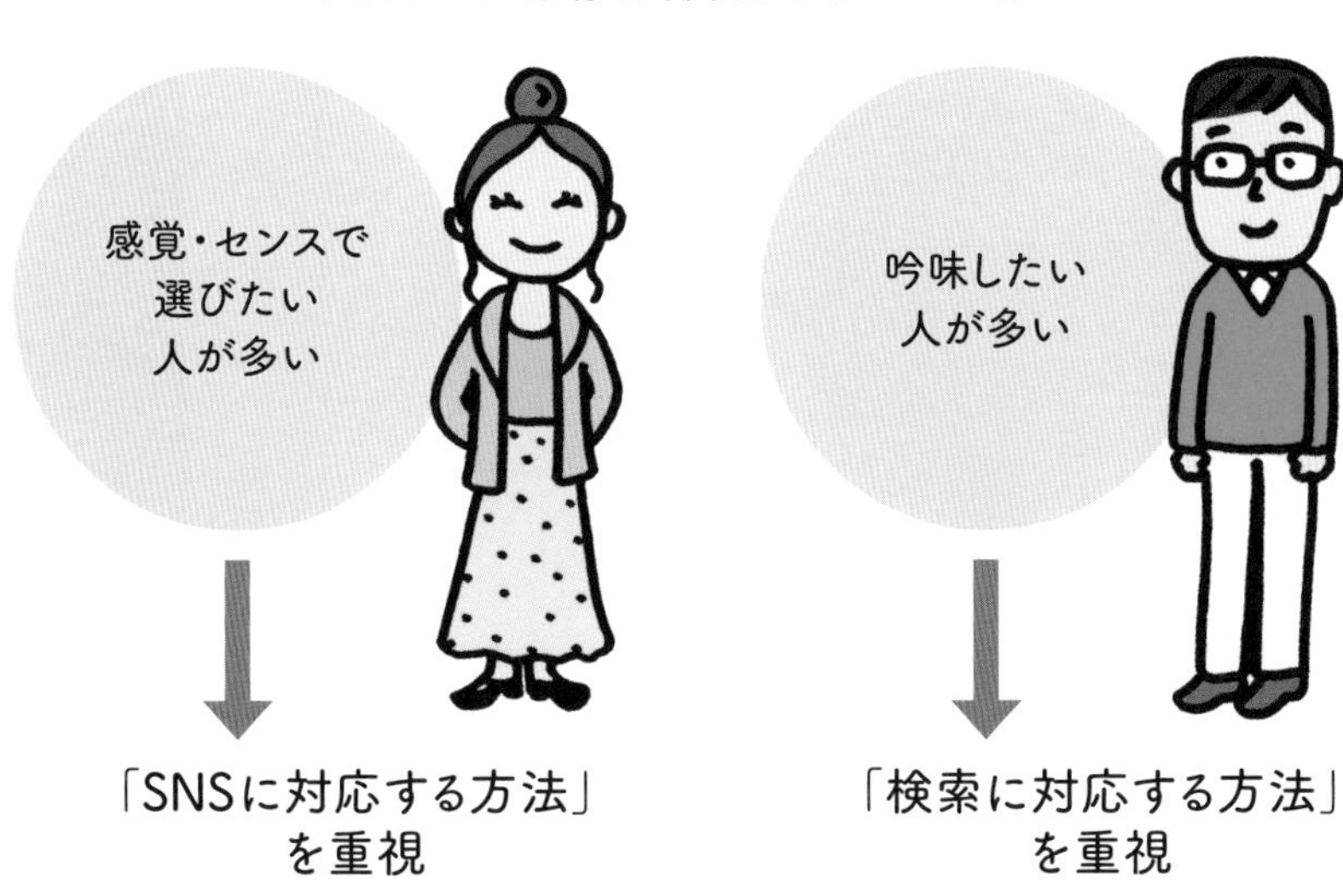
あなたのお客様は、商品やサービスを…
感覚・センスで
選びたい
人が多い
「SNSに対応する方法」
を重視
吟味したい
人が多い
「検索に対応する方法」
を重視

2 「モノを個人に売る」ご商売のおすすめWebツールはコレ!

まずは小売・飲食業様など「実店舗に来店を促したいご商売」におすすめしたいWebツールをご提案させていただきます。一例ですが次のような業種の事業者様におすすめです。

■「モノを個人に売る」ご商売の業種例

呉服店、寝具店、子供服店、カバン店、洋品店、スーパー、青果店、肉店、鮮魚店、菓子店、茶店、米店、豆腐店、乾物店、食品・食材店（自家焙煎珈琲店、デリカテッセン等）、自転車店、金物店、医薬品店、化粧品店、種苗店、ガソリンスタンド、書店、古書店、新聞小売店、文具店、スポーツ用品店、楽器店、カメラ店、時計店、眼鏡店、たばこ店、花店、材木店、ペットショップ、中古品店、食堂（レストラン）、日本料理店、中華料理店、ラーメン店、焼肉店、そば・うどん店、すし店、バー、喫茶店（カフェ）、お好み焼店

※紳士服店、婦人服店、靴店、電気店、家具店、建具店、畳店、娯楽用品小売業、宝飾店などオーダーを受けるような業種や、施工を伴う小売店様は後述する「サービスを個人に売るご商売」の項に該当します

優先順！おすすめWebツール

新規の集客目的

❶Google ビジネスプロフィール
❷Instagram
❸Twitter
❹ブログ　もしくは　YouTube

既存客のリピート目的

❶LINE公式アカウント
❷Instagram や Facebook などの使いやすいSNS

実店舗に来店を促したいわけですから、間違いなく「地図情報」と好相性です。

◉営業日、営業時間は？（今、開いている？）
◉行きかたは？
◉電話番号は？
◉他のお客さんの感想は？

など、**お店選びをする人にとって必要十分な情報を伝えられる「Google ビジネスプロフィール」をしっかり活用することをおすすめします**。
また「美味しそう！」「素敵！」など個人の感覚に直接訴えることができるInstagram などSNS活用は、「モノを個人に売る」ご商売にピッタリです。

■InstagramやFacebookなどのSNSでリピート購入も促せる

お客様とご縁をつなげておくために、「SNSでつながりを持っておく」のも非常に有効です。**お店、会社のSNS投稿を見ると、お客様に「思い出してもらえる」効果**があります。もちろん新商品や新メニューを告知できるメリットもあります。

コロナ禍において、気軽にお店に出向くことが難しいとき、私はInstagramなどで新商品をチェックしてはネットで購入することがとても増えました。お客様とつながれるSNSは、関係性維持という「ゆるい」効果だけでなく、新商品を積極的にお知らせできる意義もあります。

ネットショップ専業の小売店様におすすめのWebツール

なお、ネットショップ専業の小売店様（実店舗に来店を促さないケース）におすすめのツールは次のものです。

新規の集客目的

❶ネットショップ（の充実）
❷Instagram
❸Twitter
❹ブログ　もしくは　YouTube

既存客のリピート目的

❶ Instagram や Facebook などの使いやすいSNS

❷ メルマガやLINE公式アカウントなど自店が取り組みやすいツール

ネットショップ専業の場合は、地図情報サービスの性格を持つ「Google ビジネスプロフィール」を有効活用できるケースは極めて限定的です。**ネットショップ自体を充実させ、それをSNSや各種広告で周知拡散していく運用**になります。ネットショップについては第10章で考えていきましょう。

Column

ネットショップは「アナログ」部分で差が付く

私はネットで洋服をつい買ってしまいますが、リピートしようか迷うときに、お店のイメージを思い出すのは価格や性能などのスペックではなく「アナログ部分」であることに気づきました。

第4章でもご紹介する「Del Fiore」様は、細やかで丁寧なコミュニケーションで「つい思い出してしまう」親切なショップ様です。また兵庫県洲本市の「英国ニット専門店にいみ」様は、確かな品揃えもさることながら「梱包」が非常に丁寧で、感動すら覚えます。

一方、とある老舗の有名ネットショップで外国製のシャツを購入したところ、襟が曲がっており、タバコ臭かったのです。ネットショップ様のご繁盛はリピートがカギになります。ネットだけで勝負するからこそ、かえってアナログ部分が際立ってしまうのかもしれません。

3 「サービスを個人に売る」ご商売のおすすめWebツールはコレ！

次に、個人向けサービス業様におすすめしたいWebツールをご提案させていただきます。一例ですが次のような業種の事業者様におすすめです。

■「サービスを個人に売る」ご商売の業種例

造園業、エクステリア工事店、工務店、印刷業、バス会社、タクシー会社、倉庫業、金融業、質屋、不動産取引業、レンタルショップ、法律事務所、税理士事務所、デザイン業、写真業、旅館、ホテル、クリーニング店、理容室、美容室、エステ店（セラピスト）、ネイル店、旅行業、葬祭業、結婚式場、結婚相談所（仲人）、遊園地、劇場、ゴルフ場、ボウリング場、フィットネスクラブ、囲碁・将棋所、ゲームセンター、学習塾（予備校）、ピアノ教室、書道教室、外国語会話スクール、病院、柔道整復師の施術所、福祉事務所、自動車整備業、革品修理業、易者（占い師）、司会者、個人向けNPO

優先順！おすすめWebツール

新規集客の目的

❶ Google ビジネスプロフィール
❷ ブログ　もしくは　YouTube

3 Instagram
4 Twitter

既存客のリピート目的

1 LINE公式アカウント
2 Instagram や Facebook などの使いやすいSNS

個人向けサービス業様は小売・飲食業様と違い「何が買える」「何が食べられる」という明確なイメージが湧きづらいという性質があります。例えばエクステリア工事店の場合、

◉料金や工期は、だいたい、どれくらいか？
◉どんな段取りで発注するのか？
◉依頼者が準備するものはあるのか？
◉過去の依頼者はどのような依頼をしたのか？

などなど、**契約する前に「情報収集と周到な確認」が必要**です。一般のお客様が小売店や飲食店を利用する前に、情報収集と周到な確認をしないのとは対照的です。

「情報収集と周到な確認」には、検索エンジンがよく利用されます。その場合、**施工事例やお客様の感想などをしっかり説明できる「ブログもしくはYouTube」が、極めて重要なツール**となります。Google ビジネスプロフィールでの来店促進とあわせて、「ブログや YouTube」をしっかりと運用していきましょう。

chapter 2

4 「サービスを法人に売る」ご商売のおすすめWebツールはコレ！

BtoBと呼ばれる「製造・法人向けサービス業」様、つまり「サービスを法人に売る」ビジネスの場合はどんなWebツールがおすすめかをご提案させていただきます。一例ですが次のような業種の事業者様におすすめです。

■「サービスを法人に売る」ご商売の業種例

耕種農業（コメ、野菜、果物、花き等）、畜産業、漁業、林業、総合工事業、とび・土工・コンクリート工事業、左官工事業、板金・金物工事業、塗装工事業、電気工事業、管工事業、機械器具設置工事業、食料品製造業、飲料・たばこ・飼料製造業、繊維工業、木材・木製品製造業、家具・装備品製造業、パルプ・紙・紙加工品製造業、印刷業（法人向け）、化学工業、石油製品・石炭製品製造業、ゴム製品製造業、なめし革・同製品・毛皮製造業、鉄鋼業、金属製品製造業、はん用機械器具製造業、生産用機械器具製造業、電子部品・デバイス・電子回路製造業、通信業、情報サービス業（ソフトウェア、情報処理など）、映像・音声・文字情報制作業、運輸業（法人向け）、繊維・衣服等卸売業、飲食料品卸売業、建築材料・鉱物・金属材料等卸売業、機械器具卸売業、金融業（法人向け）、不動産業（法人向け）、学術研究、専門・技術サービス業（法人向け）、廃棄物処理業、ビルメンテナンス業、警備業、コールセンター業、経営コンサルタント

優先順！おすすめWebツール

新規の集客目的

❶ホームページ
❷ブログ　もしくは　YouTube
❸Facebook
❹Google ビジネスプロフィール

既存客のリピート目的

❶Facebook
❷メルマガや顧客限定ブログでの情報提供

法人向けですから、購買担当者とその上長に対して信頼性と説得力がある情報提供が望まれます。それはまさに「ホームページ」の出番です。各種Webツールにおいて**もっとも公式的というイメージの「ホームページ」に、会社概要や得意分野、買い手が得られるメリットやその取引方法などをふんだんに掲載しましょう。**

また、士業など「ノウハウ」を売るサービス業様では、考えかたやテクニックなどを「ブログもしくはYouTube」で発信することで、それらノウハウを知りたいと思って検索するユーザーに出会うことも多いでしょう。

5 ツール選定のコツと、情報発信の頻度

楽しくやれるものを選ぶ

これまで業種業態ごとにおすすめのWebツールをご紹介し、その優先順位をご提案させていただきました。「……でも、自分（自社）は●●というツールを昔から続けているし、それを優先的に行いたいなあ」と思われた読者様もいらっしゃることと思います。

まさに、好きなツールがあればそれを優先しても大丈夫です。何より、**楽しくやるのがWeb集客を続けるコツ**です。

例えば、東京都豊島区のとある化粧品店様は、Googleビジネスプロフィール、Instagram、Twitterも取り組んでいらっしゃいますが、むしろ「ブログ」をもっとも得意にされているご様子です。このブログは非常にお上手で、実際、新規来店につながっているとのことです。

あなたの楽しくやれるツールは？

基本的にWeb集客は「長い取り組み」になります。「はじめに少し頑張って、あとは放っておいても大丈夫」という運用は聞いたことがありません。極端に言えば廃業するまで「Web集客」は続いていきます。

だからこそ、**「楽しく続けられるツール」を見つけるという着眼点は非常に大切**です。

その、「楽しく続けられるツール」が基盤となり、他のツールの情報発信に転用が利くことは多いです。

読者の皆様も、可能な限り「まずは、やってみる」という姿勢で、食わず嫌いにならずにWebツールに触れてみていただければ幸いです。

投稿内容は同じでよい

また、さまざまなWebツールを目の当たりにして、このようなご感想を持たれたかもしれません。

「さまざまなWebツールがあるけど、それぞれのツールに合わせて内容を考えるのは難しい……」

Web活用セミナー講師として全国でお話をさせていただいていますが、質疑応答の時間に「Webツールごとに発信内容を分けるべきか」というご質問は非常に多いです。

私はシンプルに「内容は同じで構いません」とお答えしています。例えば直近のイベント告知の内容をブログに書いて、その抜粋などをTwitter、Googleビジネスプロフィール（投稿機能）、Instagramなどで発信しても問題ありません。

「Instagram は若者の利用者が多そうだから、そのように内容をカスタマイズしよう」
「Twitter は情報拡散されるように、そのように内容をカスタマイズしよう」

このようなお考えは大変よくわかります。しかし中小事業所、店舗様の実務を踏まえると、個々のＷｅｂツール向けの内容アレンジを悠長に検討していく時間や余裕はないはずです。

似たような内容を複数のＷｅｂツールで発信することについては、一切躊躇せず、**「幅広く目に付く」ことを最優先に、合理的に運用していただければと思います。**

改めて申し上げますが、Ｗｅｂ集客は基本的に「長い取り組み」になります。経営に販路拡大、販売促進や求人充足などの課題が「永遠」であるのと同様に、その道具である「Ｗｅｂ」とも長い付き合いになります。

だからこそ、「楽しく使えるＷｅｂツールを見つける」という感覚を大事にしてください。私はこの仕事に関わり20年ほどになりますが、つまるところ**「楽しく、長く、ずっとやる」というのがWeb集客の神髄かなと感じています。**

Web発信の「頻度」は？

セミナーの質疑応答では「それぞれの情報発信（投稿）の頻度はどれくらいがいいですか？」というご質問も非常に多いです。

「楽しく、長く、ずっとできる」頻度であればどんなペースでも構わないと思いますが、ひとつの目安をご提案させていただきます。

繰り返しになりますが、**「無理のない運用」を最優先してください**。投稿間隔があいてもまったく問題はありません。ご安心ください。

Webツール別、発信頻度の目安

Googleビジネスプロフィール(投稿機能)	できれば週に2回以上。来店に向けて具体的にお店を探しているお客様に、こまめに情報発信をしたいところです
Instagram	できれば毎日。ただし1日に何度も投稿するとフォロワー(読者)に何度も連続表示されることもあり煩わしいと感じさせる可能性もあります。多くても1日に1投稿でよいと思います
Twitter	できれば毎日。開店時、営業中、閉店時間前などに無理なく投稿しても1日に3回投稿できますね。Twitterは1日に何回投稿しても問題ありません
ブログ	できれば週2回程度。ただしブログを開設した当初は、ブログ記事を早めに「ためる」意味もあるため、1日に何度も投稿してもよいと思います
LINE公式アカウント(メッセージ配信)	月2回程度。高頻度でメッセージを配信すると「ブロック」される可能性もあります。スマホに直接届くという特性を踏まえて、慎重に運用したほうがよいでしょう

chapter 2 のおわりに

まずは、やってみましょう

◉特段の理由がなければ、これまでご提案した通りのツール、優先順位で取り組んでください。何からやればよいのか途方に暮れている事業所様や、お店、会社の魅力が世の中に伝わりきれていなくてもったいないことをしている事業所様。そんな事業者様のお役に立ちたいと思いこの本を書いています。ぜひ、「最初の一歩」を踏み出しましょう。

chapter 3

地域密着の商売には欠かせない「Googleビジネスプロフィール」の超基本

1 「Googleマップ」からお客様がやってくる

小売飲食サービス業様は最優先で使うべき

スマホやタブレット、そしてもちろんパソコンでもよく使われている「Googleマップ」。そのGoogleマップが無料で店舗集客に使えるのをご存知でしょうか。

地図そのものが好き、というかたを除けば、Googleマップを開いてお店を探すのは「お店に行きたい、買い物がしたい」というかただと思います。

そのような、**何らかの購買目的を持ってマップで探し物をするお客様に出会える場所、それがGoogleマップです。**

下の図はニールセン デジタル株式会社が発表した、2020年の日本におけるスマホアプリ利用率の調査です[*1]。わかりやすく言えば「スマホに入っているアプリを実際に利用した割合」のランキングで、Googleマップのアプリは地図サービスとしては日本でもっとも利用されている

ランク	サービス名	平均月間アクティブリーチ	対昨年
1	LINE	83%	0pt
2	YouTube	65%	4pt
3	Google App	56%	3pt
4	Google Maps	54%	-6pt
5	Gmail	54%	3pt
6	Google Play	47%	3pt
7	Twitter	45%	0pt
8	Yahoo! JAPAN	43%	1pt
9	PayPay	41%	21pt
10	Apple Music	39%	-5pt

Source: ニールセン モバイルネットビュー　アプリからの利用 18歳以上の男女
※2020年1月から10月までのデータ：平均月間アクティブリーチ
※AppleMusicはiTunes Radio/iCloud含む

日本におけるスマホアプリ利用率（2020年）

*1　出典：Tops of 2020: Digital in Japan
*2　出典：令和3年度情報通信白書

アプリであることがわかります。

総務省によると2019年における個人のスマホの保有割合は69・3%だそうです。[*2] およそ7割の国民が持っているスマホで「もっとも利用されている地図アプリ」に、**貴店の情報を無料で「掲載」することができ、また無料で「情報発信」もできるのがGoogleビジネスプロフィール**というツールです。新規集客に直結するこのツールは、**小売・飲食業をはじめ「お店」様は最優先で使うべきツール**と言えます。

やってくるのは「新規のお客様」

Googleマップが店舗集客に使えそうだと実感いただくために、スマホかタブレットかパソコンでGoogleマップを開いて読者様の事業所名で検索をしてみてください。

貴社名や住所、電話番号、また場合により営業時間や写真などの情報が出てきたでしょうか。

◉友人知人から「あそこのお店、とてもよかったよ」と教えられたので店名で検索した

なんで「無料」で使えるの?

「無料」ということをご説明すると、訝しげな表情をされる経営者様もいらっしゃいます。無料である理由は、一部のユーザーが任意で「広告を出す」という選択をするからです。その広告料金で、この無料システムが成り立っています。Googleという会社の収益の大部分は広告収入です。広告をしない場合は、もちろん費用は一切かかりませんのでご安心ください。

◉チラシがポスティングされたので店名で検索した
◉Instagramで気になるお店を見つけ、場所や行きかたを調べるために改めてGoogleマップで検索した

など、店名で検索するというのは、貴社貴店になんらかの興味があるからです。そんな**「自店に関心を寄せているユーザー」に、素敵な写真や提供サービスの情報、また最新情報や営業時間などを知らせることができたら、「来店」という具体的な行動に移りやすいのではないでしょうか。**

一方、今度は読者様のビジネスの業種で検索してみてください。花屋、寿司、和食、税理士、フェイシャルエステ、などです。近隣の、それらの業種の事業所様が列記されると思います。

貴社貴店のことをまだ知らないが、そのサービスを受けたい、食べたい、買いたいというときには、このように「業種名」で検索することもあるでしょう。もちろん業種ではなく、もっと細かい言葉かもしれません（例：激辛、結婚指輪、大人も通えるピアノ教室、などなど）。

いずれにしろ自社自店に関わりある言葉で検索されたときに貴社貴店の魅力的な情報が出てくれば、集客に大きく貢献しそうだということはご理解いただけると思います。

社名検索であれ業種検索であれ、マップで探し物をして、貴社貴店情報にやってきたかたは、**ほぼ間違いなく「新規のお客様」**です。既存のお客様は改めて貴社貴店のことを検索しませんよね。

Googleマップにて、無料で、新規のお客様に出会える。特に小売飲食サービス業様にGoogleマップ活用をまずおすすめしたいのは、この理由からです。

店名「ラ・バレーナ」で検索した結果

「地域名＋業種」で検索した結果

2 一般人が情報を修正？マップの店舗情報を放置するリスク

Googleマップの掲載情報を編集できる「Googleビジネスプロフィール」

Googleマップに載っている事業所情報を、オーナー（経営者に限らず、社員やスタッフという意味）の立場から優先的に編集することができる仕組みが「Googleビジネスプロフィール」です。なお、Googleビジネスプロフィールは、２０２１年11月まで「Googleマイビジネス」という名称でした。

「間違った情報」が掲載されるリスク

今、さらっと「優先的に編集することができる」とお話ししました。そうです。実はGoogleマップに載っている事業者情報は、その事業者様がもっぱら編集できるのではなく、一般ユーザー（地域住民、通行人、旅行者、出張でその地を訪れたかた、などなど）も編集提案ができます。またGoogle自身が持っている情報をもとに、Google側が変更をかける場合もあります。

逆に言うと、**もし貴社貴店がGoogleマップ上の貴社情報を主体的に編集しなければ、一般ユーザーから提供された情報だけが表示されるかもしれません。**

◉一般人が勘違いして間違った営業時間を提案してそれが載っていた
◉一般人が撮った、食べかけの食事が自店の写真として載っていた
◉閉まっているシャッターを見て早とちりしたであろう一般人が「閉業している」という情報提供をし、自店に閉業マークが付いていた

これらはすべて、実際にじゅうぶんあり得る話です。一般人からの情報提供や、それをもとにGoogleが情報を修正してしまうことは防止できないので、なおさら事業者様側からの主体的な編集が大事になってきます。

また、Google自身がネット上の各種情報をもとに情報修正をしてしまうこともありますから、ネット上に載っている貴社情報（自社ホームページ、情報サイト、クチコミサイトなど）の情報が正しいかはぜひチェックしておいてください。

お店の「ウリ」「特徴」を伝えられるチャンス

「優先的に編集できる、貴社貴店の魅力的な情報」について具体例を見ていきましょう。

神奈川県川崎市にある「ねもと整体&ストレッチスタジオ」様は、向ヶ丘遊園駅や登戸駅から徒歩圏内のお店です。最近ではGoogleビジネスプロフィールを活用することで、Googleマップで見たというお客様がとても増えているとのことです。整体だけでなくプロ選手やジュニアアスリートやその保護者、スポーツ指

導者にもトレーニングを提供している情熱溢れるオーナー様です。

ねもと整体様は「商品」という入力箇所で取扱商品をＰＲしています（次ページの図）。専門的な器具や商品を紹介してくださることがわかります。

また、「営業時間の詳細」という入力個所では「入店可能時間」を示しています。いわゆるオーダーストップの時間を明示することで、スムーズなサービスが提供できますね。

お知らせを発信できる「投稿」機能では、例えば「国際ライセンスや科学的エビデンスをもとにしたトレーニング指導」などをＰＲしています。お店の特徴やウリ、魅力を存分に示すことができますね。この投稿機能からはホームページなどにリンクを張ることもできます。

ごく一例ですが、これら**「商品」「営業時間の詳細」「投稿」などは基本的には一般ユーザーから情報提供できず、事業者様側のみが追加できる情報**です。「ただ単に連絡先がマップに載っているお店」と「主体的に情報を追加修正している」お店では、マップで見たときの魅力がまるで違うということがおわかりいただけると思います。

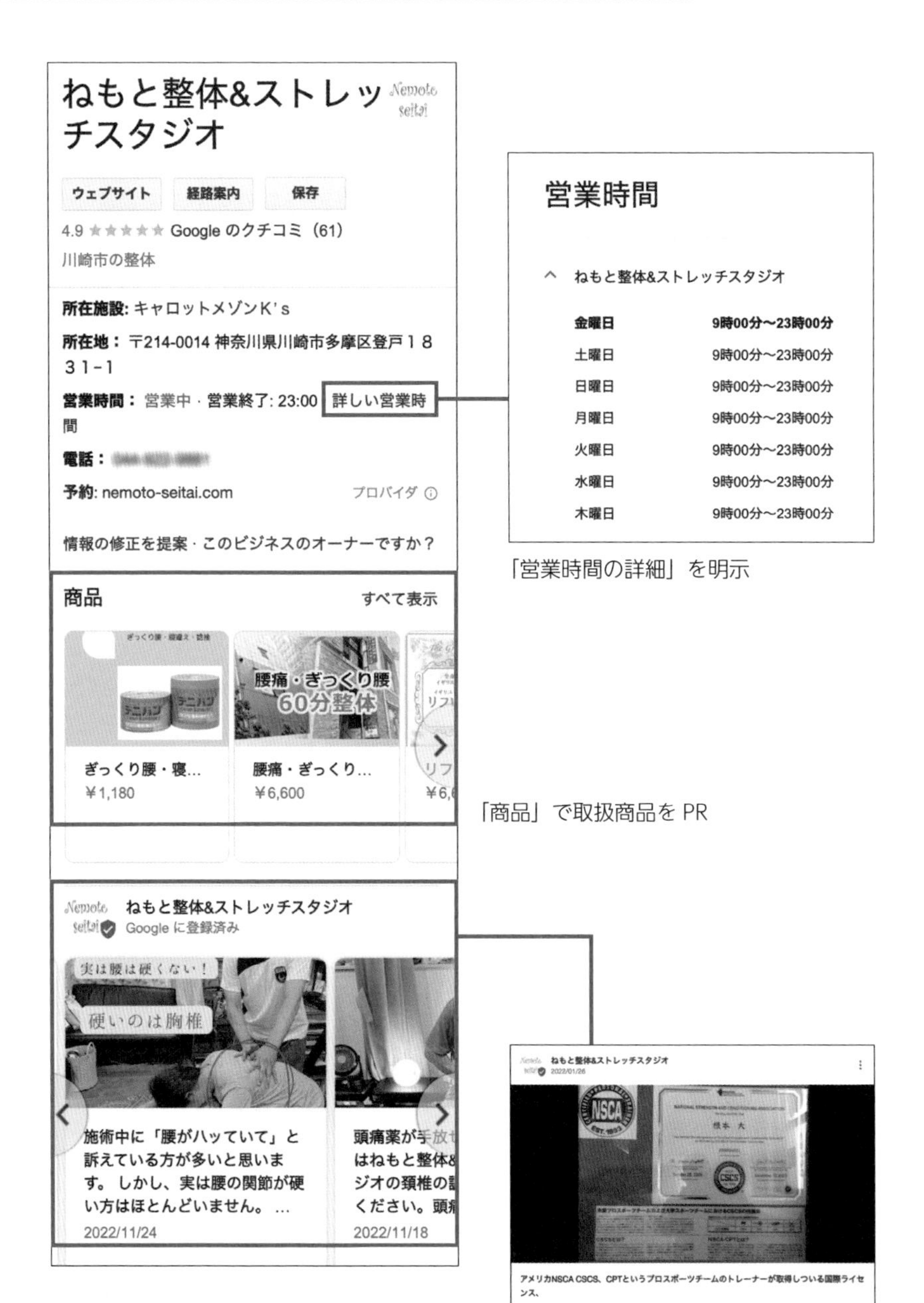

「営業時間の詳細」を明示

「商品」で取扱商品を PR

「投稿」機能で自由に発信

3 基本はオーナー確認と情報整備をするだけ

店舗情報を編集するにはオーナー確認が必要

Google ビジネスプロフィールを利用するには**「オーナー確認」という手続きが必要**です。これは文字通り、本当にその会社・お店のかたなのかを Google が確認する手続きです。

典型的な方法は「郵送」です。郵送をリクエストすると、2～3週間かけて暗証番号が書かれたハガキが送られてきますので、それを入力するとオーナー確認が済みます。オーナー確認手続きも無料ですのでご安心ください。

オーナー確認が済み、パソコンやスマホ・タブレットを使って貴社名で Google 検索すると、「プロフィールを編集」というボタンが現れますので、そこから編集をしていきます（編集画面やメニューの名称等は変更になる場合もあります）。

編集できる項目

Google ビジネスプロフィールでは次（抜粋）のような項目を

貴社名で Google 検索後、「プロフィールを編集」ボタンから編集可能（画面はスマホの表示）

整備、活用できます。新しいお客様に見ていただきご来店いただくために、ぜひしっかり活用していきましょう。

なお、編集項目はビジネスカテゴリ（業種）により異なります。

■ビジネス情報「ビジネス名」

正式名称など「実際のビジネスの名称」を記載します。それ以外のキャッチコピーなどを含めるとガイドライン違反となり、Googleマップにて非掲載になってしまう可能性があります。「実際のビジネスの名称」にすることを遵守しましょう。

■ビジネス情報「ビジネスカテゴリ」

「メインカテゴリ」をひとつ選び、また必要に応じて「追加のカテゴリ」を選択できます。カテゴリは自由入力ではなく、用意されているものの中から選ぶような仕組みになります。特に「メインカテゴリ」は重要で、「地域名＋業種」などで検索された場合に非常に大きな影響があります。

■ビジネス情報「説明」

750文字まで入力できる、貴社の概要説明欄です。文字数の長短はあまり気にせず、具体的な言葉で書きましょう。

例えば「ぜひ一度ご来店くださいませ。スタッフ一同笑顔でお待ち申し上げております。」のような社交

← プロフィールを編集	⋮
ビジネス情報	>
営業時間	>
商品	>
サービス	>
予約	>

「プロフィールを編集」ボタンを押すと表示される編集項目

辞令のような言葉ではなく、「入口には段差もなくベビーカーでも入りやすくなっております」「靴修理だけでなくシューケアグッズ（靴クリーム、ワックス、防水スプレーなど）の販売も行っております」など、端的で具体的な説明にしましょう。

■「営業時間」

営業時間を表示する場合は「決まった営業時間で営業している」、営業時間を表示しない場合は「営業時間不定で営業している」を選択します。

なお、「他の営業時間を追加」（営業時間の詳細）という項目では、テイクアウトや宅配、注文可能時間などを、通常の営業時間とは別に設定することができます。オーダーストップなどを明確に示したい場合は注文可能時間の項目を利用するとよいでしょう。

■「商品」「サービス」

貴社商品やサービスについて、遠慮せず記載しましょう。なお商品の欄ではネットショップなどへリンクを張ることもできます。特に「商品」はGoogle検索で貴社名にて検索したときにかなり目立って表示されますのでとても重要です。

■「写真を追加」

「美味しそうに見える」「凄いことがわかる」など、貴社の魅力を表す写真を、できるだけたくさん追加しましょう。

写真は、検索語句によって表示される写真が異なることがあります。多様な検索を想定し、検索語句にマッチした写真が出やすいように、できる限り多種多様な写真を追加しておくとよいでしょう。

店舗から「お知らせ」を投稿することも可能

「プロフィールを編集」というボタンの右側に「宣伝」というボタンがあります（スマホ・タブレットの場合）。その中の「最新情報を追加」「特典を追加」「イベントを追加」というところから、**お店や会社のお知らせを投稿することができます**（一部業種では投稿機能が使えない場合もあります）。

この「投稿」は、Google検索やGoogleマップ内の検索で貴社貴店名やそのカテゴリなどで検索されたときに出る**貴社貴店のビジネス情報欄に掲載**されます。

Googleビジネスプロフィールでは、所在地や営業時間を掲載、整備するだけでなく、「お知らせ」を投稿できるという、情報発信機能も備わっているのです。このような機能も当然無料で使えるわけですから、小売飲食サービス業様はぜひ活用していただきたいと思います（「広告」は有料になりますのでご注意ください）。

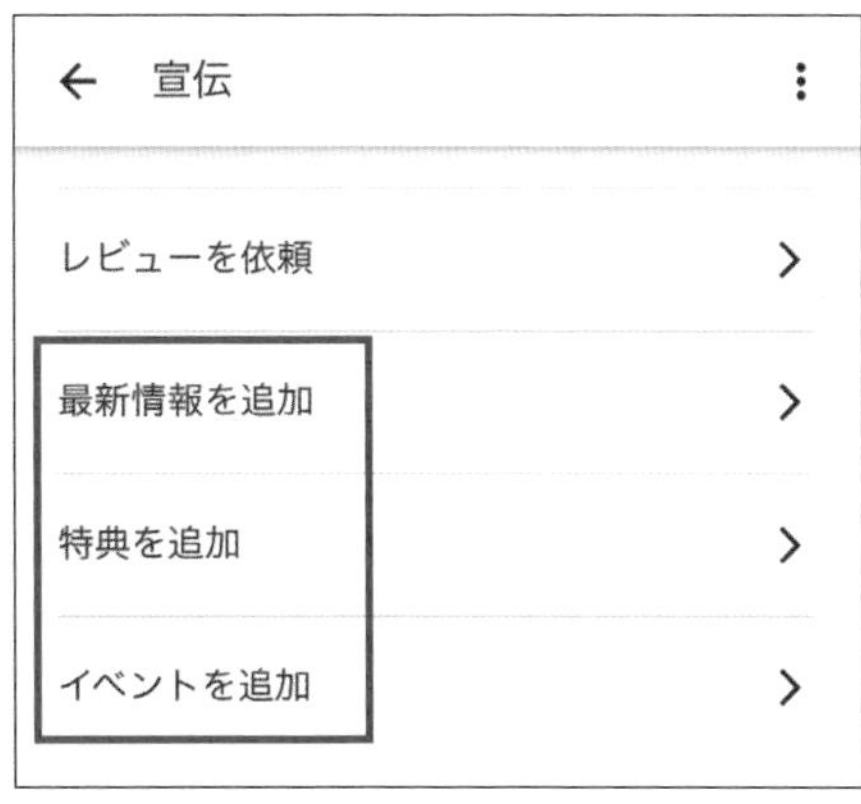

ボタン内の項目から無料でお知らせを投稿

4 クチコミ対応がお店の印象をよりよくする

クチコミを非表示にすることはできない

このGoogleビジネスプロフィールは、「Googleマップに載っている事業所情報を、オーナー（経営者に限らず、社員やスタッフという意味）の立場から優先的に編集することができる仕組み」でした。

一方、Googleマップに載っている貴社情報を見てみると、**「Googleビジネスプロフィールでは整備できない情報」**もあわせて載っていることに気づくと思います。

すべての事業所様に必ず載るわけではありませんが、例えば次のようなものがあります。

◉混雑する時間帯
◉誰向けのお店か（ファミリー向け、など）
◉クチコミ

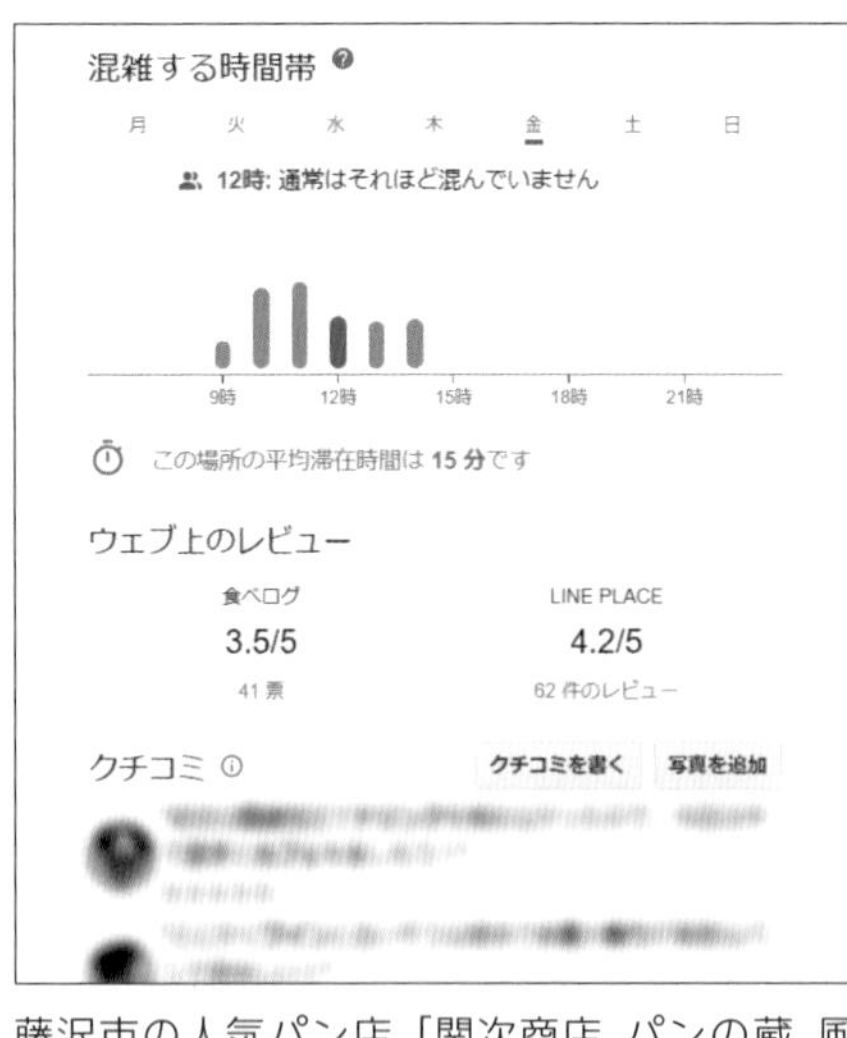
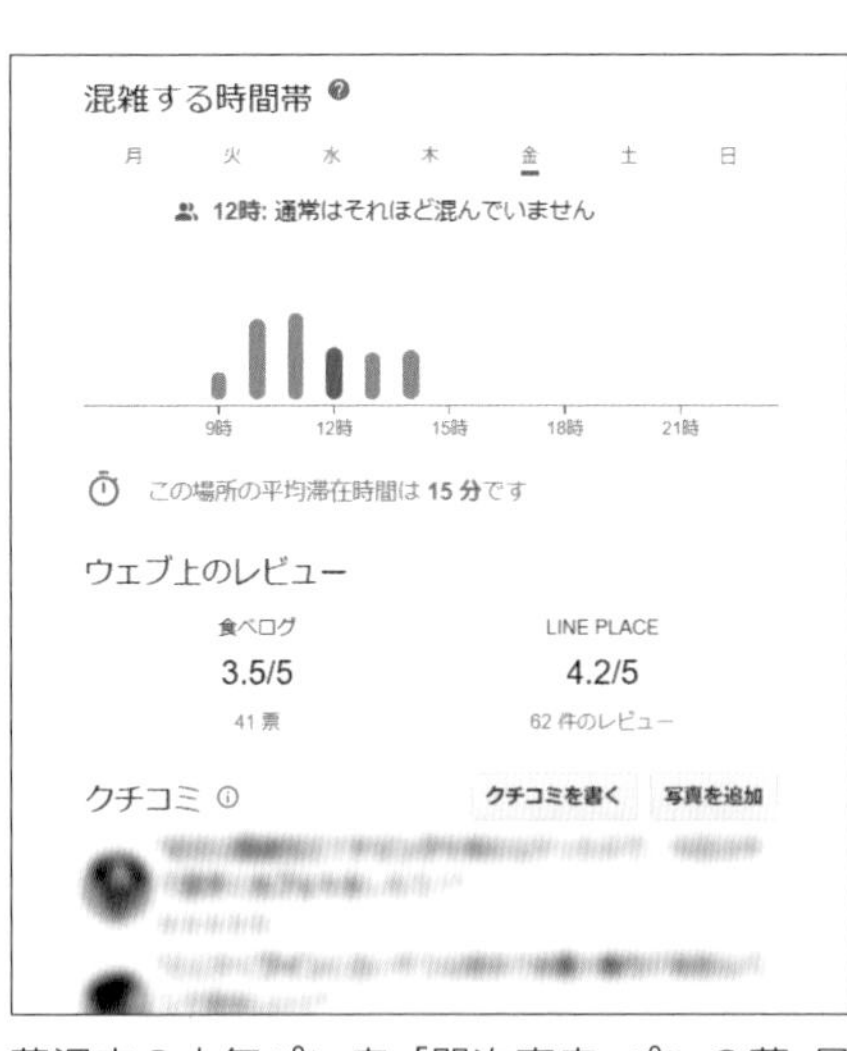

藤沢市の人気パン店「関次商店 パンの蔵 風土」様の情報欄の一部。この部分はオーナー側でも情報制御できない

特に最後の「クチコミ」ですが、**これをオーナー側で表示をOFFにする機能や、そもそもクチコミを受け付けないという仕組みはありません。**Googleビジネスプロフィールのオーナー確認をしていても、していなくても、早かれ遅かれクチコミは入ってしまうと思います。

Googleビジネスプロフィールのオーナー側で主体的にできることは、**「クチコミに返信をすること」**です。クチコミに返信しない、という権利はもちろんあるのですが、返信をしないとクチコミ内容が「正しいものだ」という印象を与える、つまり、事実と異なる内容で誤解を生む可能性があるというリスクがあります。

クチコミ返信は、「顧客」というボタンから「クチコミ」の項目に進むと行うことができます（スマホ・タブレットの場合）。パソコンの場合は「クチコミを読む」というボタンです。

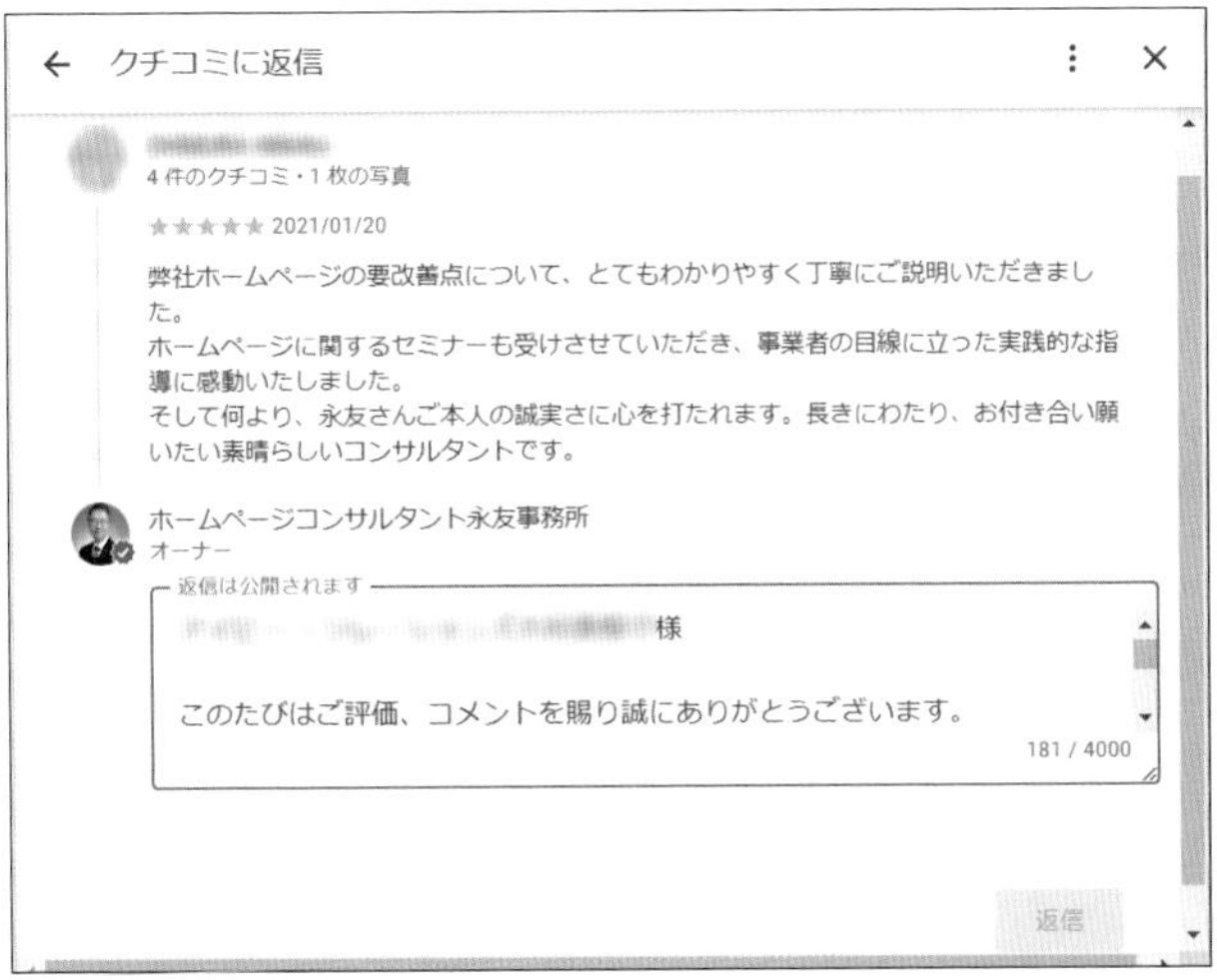

クチコミは「入ってしまう」もの。オーナー側から
主体的に返信しよう

クチコミへ返信することのメリット

クチコミの返信はリスク対応という意味だけではありません。返信をすることで次のようなメリットも期待できます。

◉「丁寧な、きちんとしたお店なんだ」という好印象を与えることができる
◉こだわりのポイントなどを記載することで、自店の魅力をPRすることができる
◉何より、クチコミを書いてくださったお客様とのコミュニケーションになる

私は出張が多い仕事をしているので、一人の消費者としてもGoogleマップをかなり多用しています。新しいお店を探すときには、Googleマップでクチコミを見ますし、またその「返信」も見てしまいます。

返信をしているお店を見ると、「ああ、さぞかし『き

このお店.
しっかりしてそう!
ここなら
大丈夫ね

クチコミ

部屋はきれいで、広く、
外食もボリュームたっぷり。

返信

当ホテルをご利用いただき、
また、おほめの言葉をいただき
ありがとうございます!…

ちんとした』お店なんだな」という印象を受けます。

このようにクチコミの返信は、そのクチコミを書いてくれたお客様に対する返事、という意味合いもあれば、**今後お店のクチコミを見る、何百人何千人の新規の潜在顧客に対する「印象作り」という側面も多分にあります。**

クチコミやその返信は「コミュニケーションの場」と捉えて、前向きに使っていただきたいと思います。

兵庫県北部の香住は、冬には松葉蟹、夏は海水浴などのマリンスポーツで有名ですが、香住でこだわりのカニ料理が味わえる民宿「かどや」様があります。

かどや様はクチコミ対応でのコミュニケーションも非常に秀逸です。親切丁寧で、返信を見ると店主の明るさやこだわり、またお客様に真摯に向き合う姿勢などが感じられとても勉強になります。「民宿かどや」で検索してクチコミ返信を学びましょう。

「かどや」様のビジネスプロフィール。宿泊業のビジネスプロフィールの形式は他業種と異なる

chapter 3

5 ホームページとSNSを充実させてマップ活用を確かなものにしよう

お客様はGoogleマップの情報だけでは満足しない

多様なＷｅｂツールが身近にあるいまのお客様（ネットユーザー）は次のような特徴があります。

◉検索やマップ、ＳＮＳなど、多面的に情報収集をする
◉お客様によって、「普段、一番よく見るＷｅｂツール」は異なる

Googleマップの貴社貴店の情報を見たかたも、そこからホームページ、あるいはＳＮＳでアカウントを見つけてさらに情報収集するケースもあるでしょう。

Googleビジネスプロフィールは小売飲食サービス業様におすすめしたい強力なツールですが、お客様としてはGoogleマップの貴社貴店情報だけで満足するわけではありません。**貴社のホームページやＳＮＳも充実させて、新規のお客様にますますアピールをしていきましょう。**

「外」の情報の充実は、掲載順位にも影響を与える

なお、この章のはじめに、Googleマップで「業種」で検索すると、近隣のそれらの業種のお店が複数列記されるのをご確認いただけたと思います。

列記されるということは、Googleマップ内に「掲載順位」という考えかたがあることを意味します。Googleではこの掲載順位を決める3つの要素を挙げています。

❶関連性…ユーザーが検索した言葉と貴社貴店が発信する情報が合致する度合い（が高いほうがよい）
❷距離…ユーザーが検索した地点から事業所までの距離（が近いほうがよい）
❸視認性の高さ（知名度）

このうち「視認性の高さ（知名度）」については複数の要素がありますが、「自社ホームページやSNSの活用度合い」も含まれると考えてよいでしょう。

つまり、**Googleはマップ内の掲載順位を決めるときの要素として「自社ホームページやSNSなどもしっかり運用し、お客様に役立つ魅力的な情報を伝えているか？」もチェックしている**のです。

一般的に検索エンジンでは掲載順位が高い順にクリック率が高いという調査もあります。マップ内での掲載順位も同様と考えてよいでしょう。掲載順位が低いより高いほうが、見つけられる確率や店舗情報をしっかり確認される可能性が高まることでしょう。

Googleビジネスプロフィールをしっかり運用しようとすると、自然にホームページやSNSの活用もあわせて意識を向けることになります。だからこそ、中小事業者様がまず取り組むべきツールとしてGoogleビジネスプロフィールは最適です。

chapter 3 のおわりに

まずは、やってみましょう

- Google マップを開き、所在地付近の位置を開いて貴社名で検索してみてください。「ビジネス オーナーですか?」という表記がある場合は、そこを押してオーナー確認に進んでください。

- オーナー確認の手続きが済んだら、特に営業時間の情報をはじめ、正確な情報をしっかりと整備してください。

- 日々の基本的な運用は「できるだけ多く写真を追加する」「投稿する」「クチコミに返信する」です。シンプルながら強力なツールですので、特に小売飲食サービス業様はぜひ優先的に取り組みましょう。

- Google ビジネスプロフィールの活用をはじめることで、自社ホームページやSNS活用にも関心が湧き、多面的に貴社貴店の魅力が伝わるようになると、「気づいたらWeb活用がしっかりできていて新しいお客様が増えていた……」という好循環を得ることはじゅうぶんにあり得ます。そのイメージで、ぜひリラックスして前向きに楽しく取り組んでみてください。

chapter 4

実は検索ツールだった！「Instagram」の超基本

1 画像×情報収集ツール、Instagram

もはや「若者だけのツール」ではない

Instagramは、写真か動画の掲載を中心としたSNSです。数年前には「若い女性が好んで使うSNS」といわれていたInstagramですが、現在は幅広い世代がInstagramを使っています。

経営者様にSNSのことをご紹介すると「いやあ、うちのお店はお客さんが全部シニア世代なので、SNSとかは関係ないんですよ」とおっしゃることがあります。

Instagramをはじめ、**SNSはシニア世代のかたも使っています**。

また個人的な話ですが、私の両親はスマホを持っておらず、ネットも使っていません。しかしテレビや新聞を見て気になったお店や観光地についてはメモ用紙に鉛筆書きで書きためてあり、実家に帰るとそのメモを渡され、ネットで詳しく調べてほしいと頼まれます。

つまり、シニア本人はネットやSNSをやっていないとしても、

【令和3年度】主なソーシャルメディア系サービス/アプリ等の利用率（全年代・年代別）

	全年代(N=1,500)	10代(N=141)	20代(N=215)	30代(N=247)	40代(N=324)	50代(N=297)	60代(N=276)	男性(N=759)	女性(N=741)
LINE	92.5%	92.2%	98.1%	96.0%	96.6%	90.2%	82.6%	89.7%	95.3%
Twitter	46.2%	67.4%	78.6%	57.9%	44.8%	34.3%	14.1%	46.5%	45.9%
Facebook	32.6%	13.5%	35.3%	45.7%	41.4%	31.0%	19.9%	34.1%	31.0%
Instagram	48.5%	72.3%	78.6%	57.1%	50.3%	38.7%	13.4%	42.3%	54.8%
mixi	2.1%	1.4%	3.3%	3.6%	1.9%	2.4%	0.4%	3.0%	1.2%
GREE	0.8%	0.7%	1.9%	1.6%	0.6%	0.3%	0.0%	1.3%	0.3%
Mobage	2.7%	4.3%	5.1%	2.8%	3.7%	0.7%	0.7%	3.4%	1.9%
Snapchat	2.2%	4.3%	5.1%	1.6%	1.9%	1.7%	0.4%	1.3%	3.1%
TikTok	25.1%	62.4%	46.5%	23.5%	18.8%	15.2%	8.7%	22.3%	27.9%
YouTube	87.9%	97.2%	97.7%	96.8%	93.2%	82.5%	67.0%	87.9%	87.9%
ニコニコ動画	15.3%	19.1%	28.8%	19.0%	12.7%	10.4%	7.6%	18.1%	12.4%

ＳＮＳの年代別利用率（令和３年度） ＊1

＊1　出典：総務省情報通信政策研究所「令和3年度 情報通信メディアの利用時間と情報行動に関する調査」

その娘・息子世代はネットやSNSをやっているわけですから、**「お客さんはシニア世代なのでSNSは関係ない」というのは、もったいないかなと思っています。**

情報収集に使われるInstagram

私は子供の頃から写真を見るのが好きです。下手ですし詳しくはないですがカメラも好きです。

私はInstagramに登録していて、写真を投稿します。他のユーザーの投稿に「いいね！」もしますし、フォロー（読者登録）もします。コメントをすることもあります。

一方で私自身の投稿にも、「いいね！」されたり、フォローされたり、コメントをもらうこともあります。

このように私は写真を介して他のユーザーと交流する目的でInstagramを使っています。個人のInstagramアカウントではビジネス的要素を出さないようにしており、個人的には気分転換として使っています。

しかしそのように**交流する目的で、つまりSNS的な意味でInstagramを使っているユーザーは半数以下**だそうで、52％は「見ているだけ」のユーザーという調査[*2]もあります。

では、「せっかくスマホにInstagramのアプリを入れ、登録もしたのに、写真投稿しない、いいね！もフォローもコメントもほとんどしない人」は、何をしているのでしょうか？

まさに**「情報収集」**ではないでしょうか。

＊2　出典：2017年トレンダーズ株式会社調査

2 「インスタ映え」は関係なし！画像検索を通して新規客に出会う

画像検索から購入へ直結

私は個人的にスーツやジャケットを着用するときにポケットチーフを挿しています。あるときテレビを観ていたら素敵なポケットチーフをしているアナウンサーさんがいらっしゃり、それは「ムンガイ」というイタリアのブランドのポケットチーフだとわかりました。

私はムンガイのポケットチーフのコーディネートや販売店を探そうと、**Instagram内で「#ムンガイ」で検索**しました。すると「Del Fiore（デル フィオーレ）」様というネットショップを発見し、無事に購入することができました。その後もネクタイやセーター、ブルゾンなどもついついリピート購入しています。

Instagramは情報収集と購入が直結していて、ひとりの消費者としても利便性が高いと感じています。

著者が見つけたDel Fiore様の投稿

インスタ映えは必要なし

そんなInstagramのことを経営者様にお伝えすると、二言目に「インスタ映え」という言葉が出ることがあります。

「うちの商品はインスタ映えしないから……」のようなニュアンスです。

結論的には、**映える必要はありません**。映えるか映えないかが必要条件なのではなく、**いかにユーザーに見つけられるかが大切**です。

福井市の「有限会社ハトヤ」様は各種ユニフォームや名入れギフトなどを企画製造販売している企業様です。とても真面目で熱心な社長様です。

ハトヤ様の看板商品は庇(ひさし)の短い作業帽「短庇作業帽」で、Instagramでも#作業帽や、#短庇作業帽というハッシュタグを付けて投稿なさっています。

庇の短い作業帽というのは、かなりニッチな商品かと思いますが、頭上の視界を狭めず、卓上作業時に電気の光を遮りにくいので工場などで非常に人気だそうです。ま

「短庇作業帽」の投稿
(有限会社ハトヤ様)

た最近ではヒップホップ系の音楽愛好家からも問い合わせが多いそうです。

ハトヤ様の短庇作業帽の投稿が「映えていない」という意味では決してありませんが、映えている映えていないではなく短庇作業帽を探しているユーザーに「出会う」ことこそが大切であることを端的に示していると思います。

検索で見つけてもらうためのハッシュタグ

Instagramで投稿する際、**#（ハッシュタグ）と呼ばれる符号**を付けることができます。Instagramの中で「検索」した場合、そのキーワードと、この「ハッシュタグ」が合致するときに写真や動画が表示されます。

つまり、読者様がInstagramで集客を図りたいと思えば、**「投稿に、適切なハッシュタグをたくさん入れる」ことが何より大切**です。

ハッシュタグは1投稿あたり30個まで付けられます。「たくさんハッシュタグが付いているのはダサい」とおっしゃるかたもいます。でもそれは商売のことを考えていないかたのお話です。我々はお客様に出会って、売上が上がってナンボですので、遠慮せずたくさん付けましょう。

次のリストは定番のハッシュタグになります。どんなハッシュタグを付ければいいかわからない、というときにご参照ください。

■ **定番のハッシュタグ**

◎市町村名、地域名、駅名などのハッシュタグ
（例）＃藤沢　＃横浜市　＃新富士駅

◎一般名称のハッシュタグ
（例）＃カフェ　＃ヘアサロン　＃和食

◎固有名詞のハッシュタグ
（例）「メーカー名」「ブランド名」「商品名」「素材の名前」などの具体的名称を記載

◎日本を表すハッシュタグ
（例）＃japan　＃japantrip　＃madeinjapan

◎言葉を組み合わせたハッシュタグ
（例）＃カフェ巡り函館　＃おもちゃ通販　＃藤沢駅北口

なお、「言葉を組み合わせたハッシュタグ」での定番は、**「一般名称に地域名を付けるハッシュタグ」**です。＃カフェ函館とか、＃函館カフェなどですね。例えば、＃カフェ函館と＃函館カフェは「別のハッシュタグ扱い」になりますので、函館市のカフェ様は、両方のハッシュタグを付けるようにしましょう。

3 画像は何を投稿すればいいの？

投稿画像の考えかた

Instagramには画像（写真か動画）を投稿します。ではそもそも、どんな画像がよいのでしょうか？ 堅苦しく考える必要はありませんが、ここではいくつかの方向性をご提案させていただきます。

❶商品の写真

商売ですから、当然に「商品写真」は載せたいですよね。「できるだけ自然光のもとで撮る」「背景に気を配る（背景がごちゃごちゃしていませんか？）」「余白に気を配る（余白を大きく取ると上品な感じになる）」などに留意して撮影しましょう。

❷「取り組んでいること」を示す写真

地域の活動や社内勉強会、社内教育、またイベントの「準備」など、頑張って取り組んでいることについてそのシーンを投稿すると、共感が多くなり「いいね！」も増える傾向があるようです。

❸ほとんど文字の画像

Instagramは投稿したい、でも、撮るべき被写体が思いつかない……。そんなときは「付箋」に言葉や想いを手書きし、それ自体をスマホで撮影して投稿してはいかがでしょうか。

❹店頭のA型看板

「今日のメニュー」や、いまのキャンペーンについて店頭でA型看板を出すお店も多いことでしょう。それそのものを撮影して投稿すれば一石二鳥ですね。

❺昨年の同時期にご注文が多かったもの

InstagramなどSNS投稿は、**フレッシュな情報でなければならないという決まりはありません**。昨年同時期に撮った写真を、また使ってもよいのです。もちろん「おとり広告」などになってはいけませんので、各種業法は順守してください。

なお、画像加工アプリを使って、写真に文字を載せたり、さまざまな装飾をしている投稿も目にすると思います。「撮っただけのままで載せていいか、それとも文字や装飾をしたほうがいいのか？」というご質問は多いのですが、「お好きなほうでよいですよ（ご自身が楽しく続けられるほうでよいですよ）」とお答えしています。

少なくとも私のクライアント様の状況を伺う限り、**装飾の有無と経営効果は直接関係ないようです**。

Instagramの投稿はとても簡単

先述の通り、Instagramの投稿で大事なのはインスタ映えではなく、検索で見つけてもらうためにハッシュタグをたくさん付けることです。そう考えれば、投稿するにあたってあれこれと悩むこともないでしょう。

Instagramの通常の投稿（フィード投稿と言います）は、パソコンやスマホ・タブレットで行えます。下の図では、スマホアプリ版Instagramにて投稿をする手順を示しています（スマホの機種やアプリのバージョンで表示が異なる場合もあります）。

撮ってある写真を選んで投稿するだけなので簡単ですね。忙しい店頭で、**手元のスマホで撮**

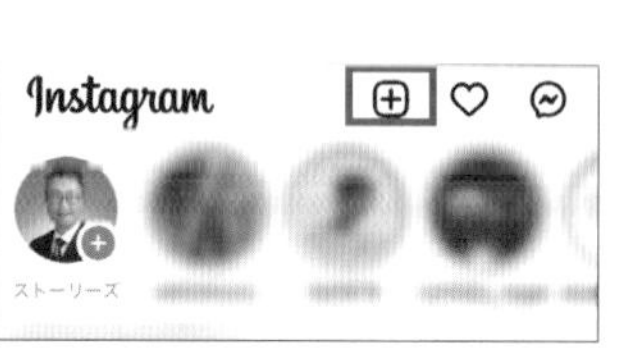

❶スマホでInstagramを開き、画面上部にある「田」のようなボタンを押す

❷すでに撮影済の写真からInstagramに投稿したい写真を選び、右上の「次へ」を押す

❸「フィルター」「編集」などで、お店や商品の雰囲気に合わせて色や明るさを調整する（任意）。調整が済んだら「次へ」を押す

ってすぐに投稿できるのでシニア世代の経営者様にも好評です。なお、Instagramは一度投稿したものを削除したり、キャプションなどを再編集したりする（ハッシュタグを後で追加する）こともできますので肩の力を抜いてお試しください。

ビジネスアカウントに切り替えておく

Instagramには「ビジネスアカウント（プロアカウント）」という設定があります。**ビジネスアカウントでは「電話する」などのボタンを表示できる他、インサイトと呼ばれる簡易的なアクセス解析機能が使えるようになります。**また、後述する**Instagram広告を実施する場合には必須の設定**です。これらの意味でもInstagramを事業所様の立場で行う場合はビジネスアカウントで運用したほうがよいので、さっそく切り替えておきましょう。メニューを押して歯車マーク「設定」＞「アカウント」で「プロアカウント」に変更します。切り替えが済むと、その証拠に、プロフィールページを見たときに「広告ツール」というボタンが現れると思います（スマホの機種やアプリのバージョンで表示されない場合もあります）。

❹「キャプションを書く」という箇所で、写真の内容説明や「ハッシュタグ」を記入する。記入や設定が済んだら右上の「シェア」を押して投稿

「広告ツール」の表示がビジネスアカウントの切り替え完了の目印

5 自社に合うお客様に出会える短編動画「リール」

リール投稿は「○○好き」のユーザーに届く

Instagramでは通常の投稿に「ハッシュタグ」をしっかり付けることが何より大切ですが、他にもおすすめの機能があります。その一つが**「リール」（リール動画）**です。

リールは、60秒（執筆時点）までの動画を掲載できます。InstagramがTikTokに対抗して作ったといわれる短編動画機能です。

私は靴と靴磨き、時計が好きです。Instagramでは、思わず靴や靴磨き、時計の投稿などを見てしまいます。そうすると、InstagramのAIみたいなシステムが、「あ、この永友というInstagramユーザーは、きっと靴や時計が好きなんだな」と思ってくれるようで、私がInstagramを見るときに、自然と靴や靴磨き、時計の投稿やリール動画が表示されるのです。

リール動画は**通常の閲覧画面（フィード）に自然に挿入されたり、発見タブ（虫眼鏡マーク）を開いたときに目立って表示されます**。自分がフォローしているユーザーに限らず、**フォローしていないユーザーのリールも表示される**というところがポイントです。

つまり、もし読者様が靴店、あるいはシューシャイナー（靴磨き店）様、時計店様であれば、リール動画を投稿すれば、私や私と同じような「靴好き」「時計好き」ユーザーにそれが表示されることがあるのです。

読者様は、**自社に関連するリール動画を投稿するだけで、「その内容に関心があるだろうユーザー」に表示させるチャンスがあります**。可能性が広がりますよね。60秒足らずの短い動画でよいわけですから、ぜひ気軽にチャレンジしてください。

なお、リール動画はすでにご説明した投稿手順の「画面上部にある『田』のようなボタン」から投稿できます。

リール

発見タブを開くと、リールだけ大きく表示されている

閲覧画面の途中に、フォローしていないユーザーのリールが表示されている

6 ネットショップとの連動と、実演販売機能「インスタライブ」

Instagramでは他にも、「販売」に直結する機能があります。

①Instagramショッピング

Instagramの投稿からネットショップにリンクすることができます。ネットショップ様にとっては素晴らしい機能ですが、設定が非常に複雑で審査も長いので、**数か月単位で気長に設定していくようなイメージ**になります。

詳しい設定は「Instagramショッピングとは」(https://business.instagram.com/shopping)をご覧ください。

②インスタライブ

和風に表現すれば**「実演販売」**です。もちろん販売に直結しなくても、新しい取り組みを発表したり、

Instagramと自社ネットショップを連携している例（Del Fiore様）

プロを招いてのレクチャーなどでユーザーを楽しませたりという使いかたもできます。

静岡県富士市の「内藤金物店」様では、自店オリジナルのブレンドコーヒーを発売しました。そのコーヒーを焙煎、ブレンドしてくださる「STERNE（シュテルネ）」様をお呼びしてのインスタライブを実施されました。

内藤金物店様はコーヒー器具やコーヒー用品の品揃えが充実しているのですが、**それらの販売目的というより、自分たちの想いや取り組みを楽しく紹介しようという姿勢**が感じられ、とても楽しく拝見できました。

また、ざっくばらんなラジオ番組的なノリで、内藤金物店様やSTERNE様に益々愛着が湧いてしまう感覚がありました。

ライブといってもInstagram動画に記録として残すことができますので、リアルタイムで見ることができなかったユーザーも後で見てもらうことができます。

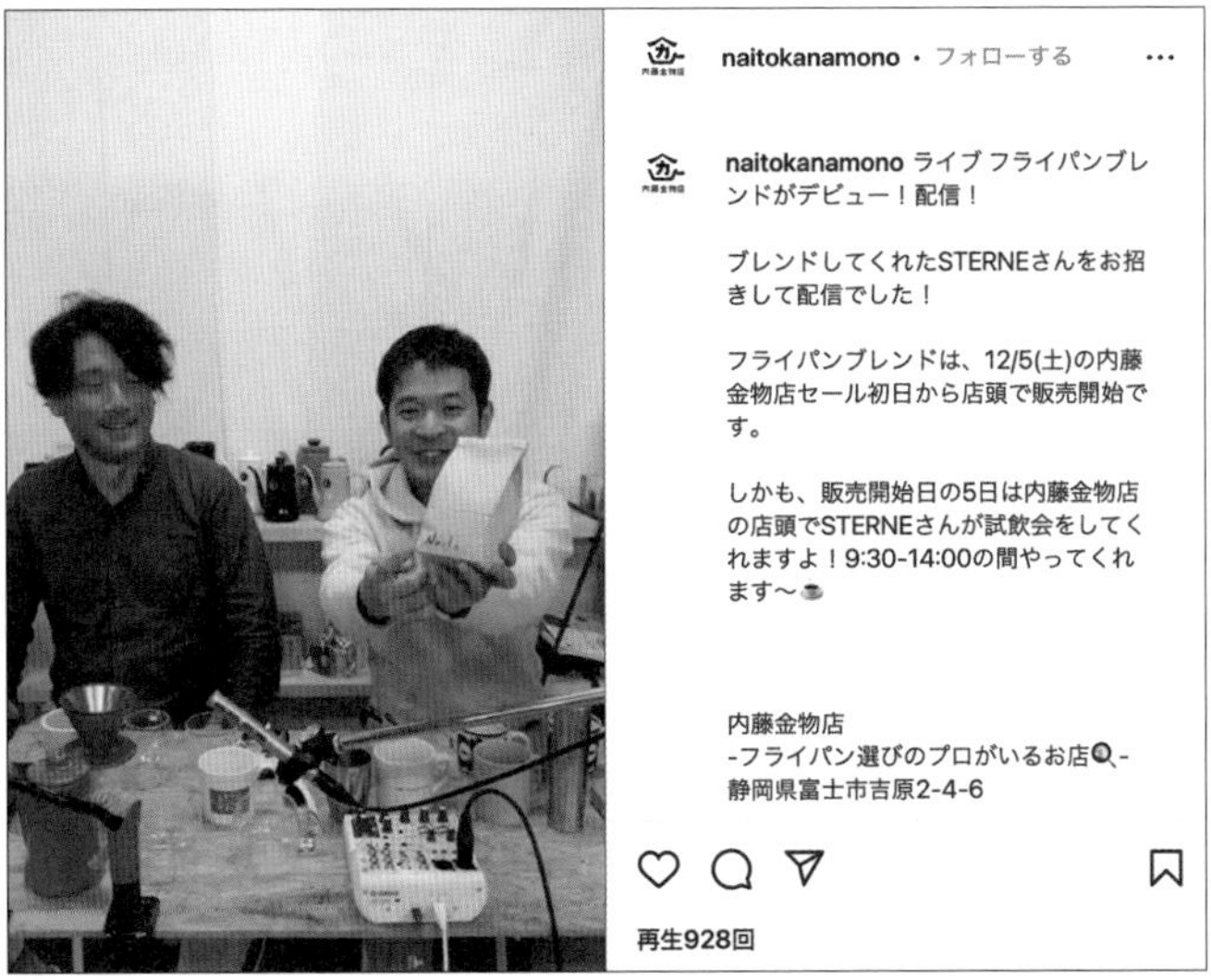

naitokanamono・フォローする

naitokanamono ライブ フライパンブレンドがデビュー！配信！

ブレンドしてくれたSTERNEさんをお招きして配信でした！

フライパンブレンドは、12/5(土)の内藤金物店セール初日から店頭で販売開始です。

しかも、販売開始日の5日は内藤金物店の店頭でSTERNEさんが試飲会をしてくれますよ！9:30-14:00の間やってくれます〜☕

内藤金物店
-フライパン選びのプロがいるお店🔍-
静岡県富士市吉原2-4-6

再生928回

インスタライブ風景（内藤金物店様）

chapter 4

7 ピンポイントで潜在的ユーザーに届く「Instagram広告」

費用対効果の高い広告

私はコンサルタントとして中小事業者様に対して「無料で、すぐ取り組める」Webツールをご提案しています。無料で使えるWebツールを使って、商売繁盛に繋げていただきたいと願っています。

一方で、**有料だけれども商売繁盛に有益なサービス**についてもお伝えしています。代表的なものが**「Instagram 広告」**です。

Instagram 広告、特にスマホアプリから行う広告は非常に簡単に、スピーディーに広告を出すことができます。しかも**意図したユーザー層に届きやすく、費用対効果が高い広告**と言えます。

Instagram 広告は1日あたり数百円という少額から行えますし、ネット広告そのものの勉強という意味でもおすすめです。いくらの投資でどれくらいの閲覧が増え、またそれをどれくらい行うと来店や引き合いにつながるのかということを肌感覚で知ることができます。

とあるイタリアンレストラン様では、1日あたり800円の Instagram 広告を数日間行い、それを断続的に4回行ったところ、Instagram のフォロワー増加、投稿への「いいね！」増加をはじめ、客数も伸び、売上自体が20％アップしました。

この数値は業種や地域によっても変わりますが、紙媒体の広告などと比較しても悪くない数値になるのかなと思います。

広告の出しかた

Instagramのアプリから行うInstagram広告では、**「過去の投稿を使って」広告を行い、「その投稿（広告）を見てもらったことに対して」課金される**というイメージになります。なお、支払いは基本的にクレジットカード払いになります。

Instagram広告を行うには、ビジネスアカウントの設定が必須になります（73ページ）。ビジネスアカウントに切り替えたのち、「広告ツール」を押して、過去のどの投稿を広告するかを選びます。

次に「オーディエンスを作成」という画面で、

◉広告を出す「地域」
◉広告を見てもらいたい対象ユーザーの「興味・関心」
◉広告を見てもらいたい対象ユーザーの「年齢と性別」

を設定することができます。下の図では「興味・関心」

キャンセル	オーディエンスを作成	完了

36.6K - 38.5K ⓘ
推定オーディエンスサイズ
非常に良い

オーディエンス名
藤沢市内の中小企業経営者様

地域
神奈川県 藤沢市, 日本

興味・関心
中小企業, ビジネスまたは起業

年齢と性別
すべて | 35〜65歳

「オーディエンスを作成」画面

のところを「中小企業、ビジネスまたは起業」としていますが、これは「中小企業かつビジネスかつ起業」という対象者の絞り込みをしているのではなく、「中小企業もしくはビジネスもしくは起業に関心があるユーザー」という意味になります。

また、「地域」とは、住民など「その街によくいる人」という意味です。Instagram はユーザーの行動履歴から「どの街によくいるか」を判断しています。

「年齢」は、ユーザーがInstagram に登録するときの生年月日をもとにしています。性別についてはそのユーザーの行動履歴（どんな投稿を閲覧しているか、どんな投稿に反応しているか）などから推定していると思われます。

このように**Instagram 側でユーザーの属性をかなり把握できているので、「広告を表示すべき対象者の絞り込み」ができる**のです。広告を出す事業者側としてはありがたいことですね。事例では、この絞り込みの場合は広告表示対象者が約3万6千~3万8千人程度いると推定されています（36・6K - 38・5Kの表示。「K」は「千」の意味です）。

なお「オーディエンス名」は、読者様がご自身でわかるものであればどのよう

「予算と掲載期間」画面

な名称を付けても構いません。

次の「予算と掲載期間」という画面で、広告の予算と期間を設定することができます。１日２００円から広告出稿できる設定ですが、あまりに少額になると出稿できないこともあります。概ね、**1日に数百円、期間は6日間〜7日間程度**で行ってみてはいかがでしょうか。

最後に、「広告を確認」という画面で、設定に間違いがないかしっかり確認してから「投稿を宣伝」ボタンを押します。特に「予算と掲載期間」のところは必ず再確認をしてください。

「広告を確認」画面

chapter 4 のおわりに

まずは、やってみましょう

◉ Instagram はスマホ・タブレット・パソコンで行うことができます。一番使いやすいもので開始してみましょう。パソコンの場合は「https://www.instagram.com/」で検索して登録します。スマホ・タブレットの場合は Instagram のアプリをダウンロードして登録しましょう。

◉プロフィールの、特に「自己紹介」のところはしっかりお店の特徴、所在地などを記載しましょう。また「Ｗｅｂサイト」のところにはホームページなどのリンクを張りましょう。

◉発見タブ（虫眼鏡マーク）のところで、ご自身の商売に関する言葉で検索してみましょう。他のユーザーがどんな投稿をしているか、またそのユーザーはどんなハッシュタグを付けているか研究しましょう。

◉参考にすべき秀逸な Instagram アカウントをご紹介します。フォローして学びましょう。
【小売店】「Del Fiore Online」様
https://www.instagram.com/del_fiore_online/
【飲食店】「Cafe EVERGREEN」様
https://www.instagram.com/evergreen_odawara/
【サービス業】「健康ごはんアカデミー GreenCookingABE あべふみ」様
https://www.instagram.com/greencooking_abe/

chapter 5

タイムリーな
情報を広げる
「Twitter」の超基本

chapter 5

1 地域情報に強いTwitterを地域密着の店舗経営に活かす！

私自身は3年ほど前まではFacebookをよく使っていましたが、3年前に出版することを境にTwitterをよく使うようになりました。私自身としては、いま一番利用時間が長いSNSはTwitterになっています。

これは後述する「いいね」やTwitter内検索、リツイートなどの機能があるお陰で、フォロー／フォロワーの関係に限らず、多くのユーザーに見つけられやすいというTwitterの特徴にメリットを感じるからです。つまり**「友人や知人という枠を超えて、新規の接点が生まれやすい」Twitterは、自分のことをもっと広く知っていただこうとするときに非常に向いているSNS**だと思います。

Twitterのユーザー層

新規客との接点が
生まれやすいのがTwitter

はじめに、Twitterの特徴を見ていきましょう。Twitter はSNSのひとつで、多くのユーザーが使っています。もちろん無料で利用できます。データからは10代から40代が多いことがわかります。

匿名利用が7割

Twitter は「個人名（本名）」を表示する必要はありません。総務省「ICTの進化がもたらす社会へのインパクトに関する調査研究」（平成26年）によれば日本は匿名での利用が7割を超えているそうです。

匿名やニックネーム、また自社キャラクター（マスコット）に代弁させるかたちでも参加できるTwitterは、**気軽に参加できるからこそユーザー数も多い**です。日本での月間利用者数は4500万人（2017年時点。Twitter Japan 発表）とのことです。事業者様にとってはそれだけ広く情報を伝えるチャンスがあるとも言えます。

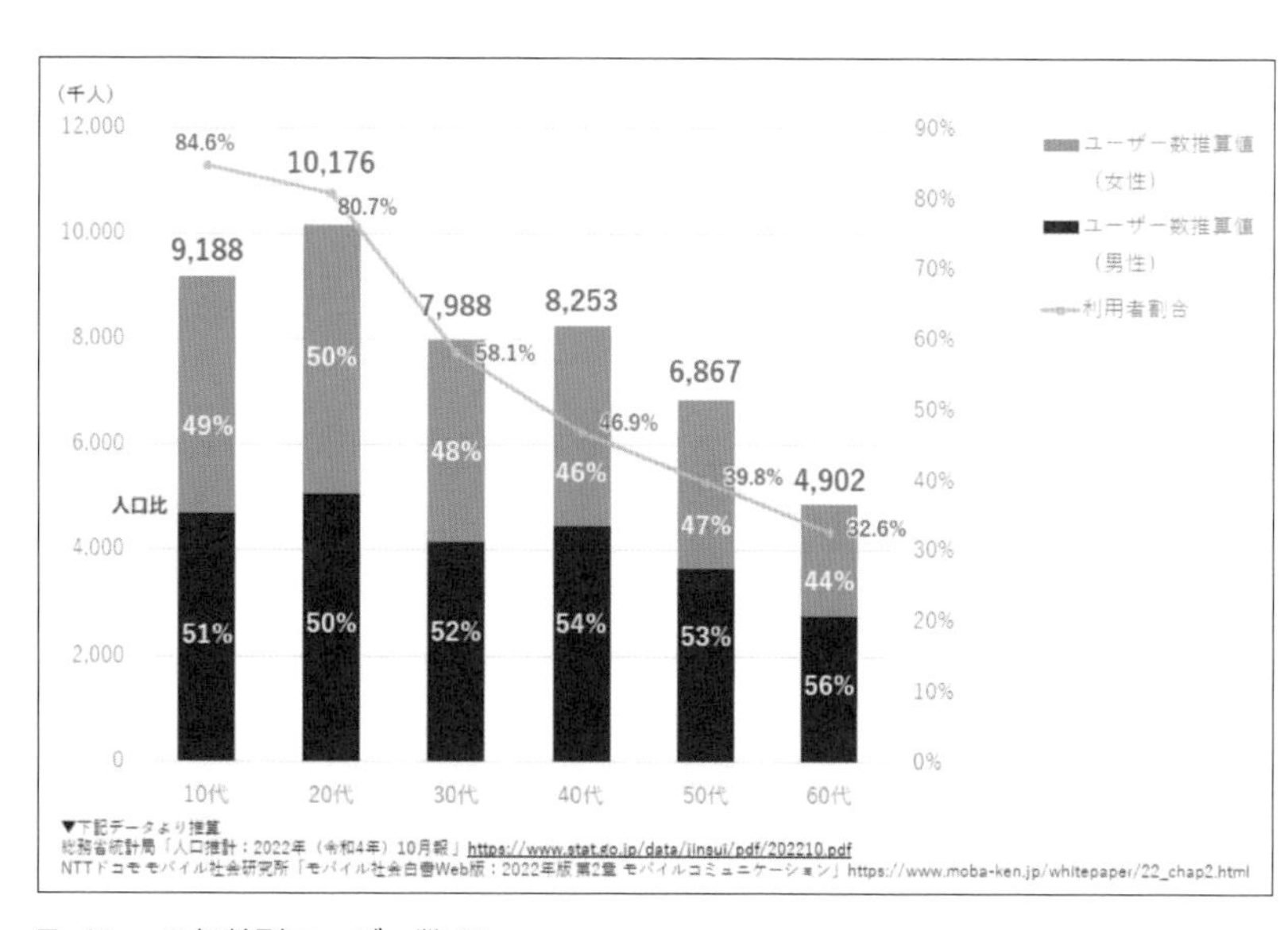

Twitter の年齢別ユーザー数 *1

＊1 出典：ガイアックス ソーシャルメディアラボ
https://gaiax-socialmedialab.jp/post-30833/

「地域情報を探す」のに使われる

Twitterの特徴の一つは、「地域情報に強い」ことです。

神奈川県高座郡寒川町のお花屋さん「千秋園」様はTwitterで「寒川」「花屋」「寒川神社」など**地域に関する言葉を使いながら投稿**されています。「Twitterをはじめてから、遠方からお越しのお客様が増えた」とのことでした。真面目で明るいご夫婦のお花屋さんです。

最近では「幸せマルシェ」というイベントを主催し、お花屋さんという場を中心に地域コミュニティを作ろうと頑張っていらっしゃいます。もちろんその告知もTwitterで行っています。

また以前、とある街の青年会議所様主催で地域イベントがありました。その告知は、

◉タウン誌（紙媒体）
◉ホームページ
◉ブログ

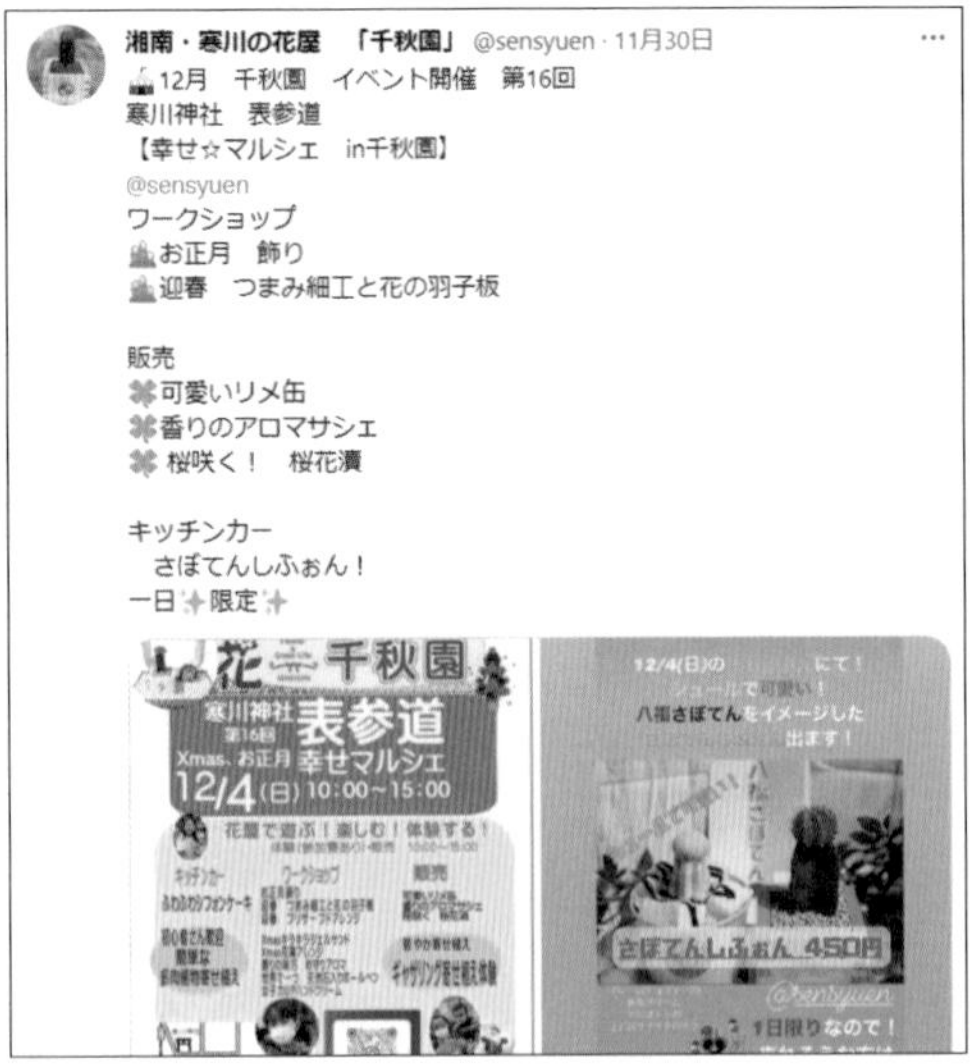

湘南・寒川の花屋　「千秋園」 @sensyuen · 11月30日
12月　千秋園　イベント開催　第16回
寒川神社　表参道
【幸せ☆マルシェ　in千秋園】
@sensyuen
ワークショップ
お正月　飾り
迎春　つまみ細工と花の羽子板

販売
可愛いリメ缶
香りのアロマサシェ
桜咲く！　桜花漬

キッチンカー
　さぼてんしふぉん！
一日限定

花 千秋園
寒川神社 表参道
第16回
Xmas. お正月 幸せマルシェ
12/4(日) 10:00～15:00
花屋で遊ぶ！楽しむ！体験する！

12/4(日)の　にて！
八街さぼてんをイメージした
出ます！
さぼてんしふぉん 450円
@sensyuen
1日限りなので！

Twitterの投稿例
（千秋園様）

◉ Twitter
◉ Facebook

で行いましたが、イベント来場者全員に尋ねたところ、**「Twitter を見て今日のイベント知り、来場したというかたが一番多かったそうです。**

また、とある街の小売店様では、近くの競技場（試合の時は駐車場が混みあう）で試合があるときに「当店で2000円以上お買い物をされたお客様は、当店駐車場を1日出し入れし放題でご利用いただけます」という趣旨の Twitter 投稿をして、多くのお客様が来店（買い物と駐車）をされるそうです。

そして、実際に Twitter を利用されているかたはご理解いただきやすいと思いますが、鉄道の現実的な運行状況などは、ホームページや Facebook、Instagram などよりも Twitter の情報が一番早いのではないでしょうか。

それぞれ、「Twitter で地域情報を探す」というエピソードを端的に表していると思います。

貴店が特に地域密着の店舗様であれば、地域に関する情報が素早くタイムリーに、手軽に入手できることが期待されている Twitter にて、情報を出しておくのは得策だと思います。

chapter 5

2 Twitterは、知り合い以外にも情報が広がりやすい

Twitterの投稿は誰が見るの?

Twitterでの投稿は「つぶやき」(ツイート)といわれます。Twitterを開くと「いまどうしてる?」などと書かれた投稿欄が出てきます。そこに140文字以内で「つぶやき」を行えばよいのです。簡単ですよね。

Twitterのことを経営者様にご提案すると**「つぶやくのはよいけど……それを誰が見るの?」**とよく尋ねられます。それは「フォロワー」と「一般ユーザー」、そして「Twitter内検索者」です。

◉**フォロワー**……読者のこと。貴社のことに関心がある地域住民などが貴社を「読者登録(フォロー)」をすることで、貴社のつぶやきを読むことができる

◉**一般ユーザー**……例えば貴社のことをフォローしているAさんが貴社のつぶやきに「いいね」「リツイート」すると、Aさんのフォロワーにそれが伝わることがある

◉**Twitter内検索者**……Twitterユーザーが Twitter内の「検索」をしたとき貴社のつぶやきが表示されることがある

私の近所に「平野製餡所」という、あんこ屋さんがあります。

基本的には和菓子屋さん、洋菓子屋さん、パン屋さんなどへの卸をなさっているのですが、時折「小売」をします。

私は平野製餡所様のTwitterを「フォロー」（読者登録）しています。Twitterを覗くと、タイミングがよければ平野製餡所様の「つぶやき」を見ることができます。

「純製栗餡が出来ました！」
「ずんだ餡が出来立てです！」

などの投稿を見ると、買いに行きたくてウズウズしてしまうものです（300グラムから購入できます、すごく美味しいんです！）。

貴社がTwitterを利用しはじめると、色々な情報源（チラシ、SNSでの告知、クチコミなど）で貴社がTwitterをはじめたことを知った地域住民などが「フォロー」してくれる（＝フォロワーになってくれる）かもしれません。

そして、フォローしてくれたユーザー（＝フォロワー）は、**貴社の情報（つぶやき）を読んで、買ってみたい！食べてみたい！参加してみたい！と購買意欲が増すかもしれません**。また、後述する情報拡散機能を使って、**貴社の情報を「フォロワーのフォロワー」さんに広めてくれるチャンスもあるのです**。

藤沢のあんこ屋 @hiranoseianjo · 11月18日
おはようございます。
良いお天気です。
朝晩の寒さがすこしずつなってきましたね。
風も穏やかで空気が乾燥しています。
本日のあんこです。
あんこ屋の甘納豆販売を開始致しました。
あんこ
4
23

平野製餡所様の投稿

フォロー外の一般ユーザーにも見てもらえる

例えば、貴社のことをフォローしているAさんが貴社のつぶやきに「いいね」や「リツイート」をすると、Aさんのフォロワーにそれが伝わることがあります。リツイートとは「つぶやきの回覧」です。

つまりこれは、**フォロワーさん以外の「見込客」に見てもらえる可能性もあるということを意味します**。その見込客がまた「いいね」「リツイート」すると、さらにその伝播が広がっていきます。これが激しくなった状態が「バズ」という現象です。

このようにTwitterは情報拡散性が高いので、後述するFacebook（閉ざされた関係性の中での、知り合いとの交流がメイン）に比べて**「新規の顧客接点」が生まれやすい**というメリットがあります。

なお、私の妻はTwitterを行っていませんが、「長州力（非常に有名なプロレスラーです）のTwitterが面白いらしい」とウワサで聞いたらしく、Google検索で「長州力　ツイッター」で検索して長州力のつぶやきを時折楽しんでいる様子です。こ

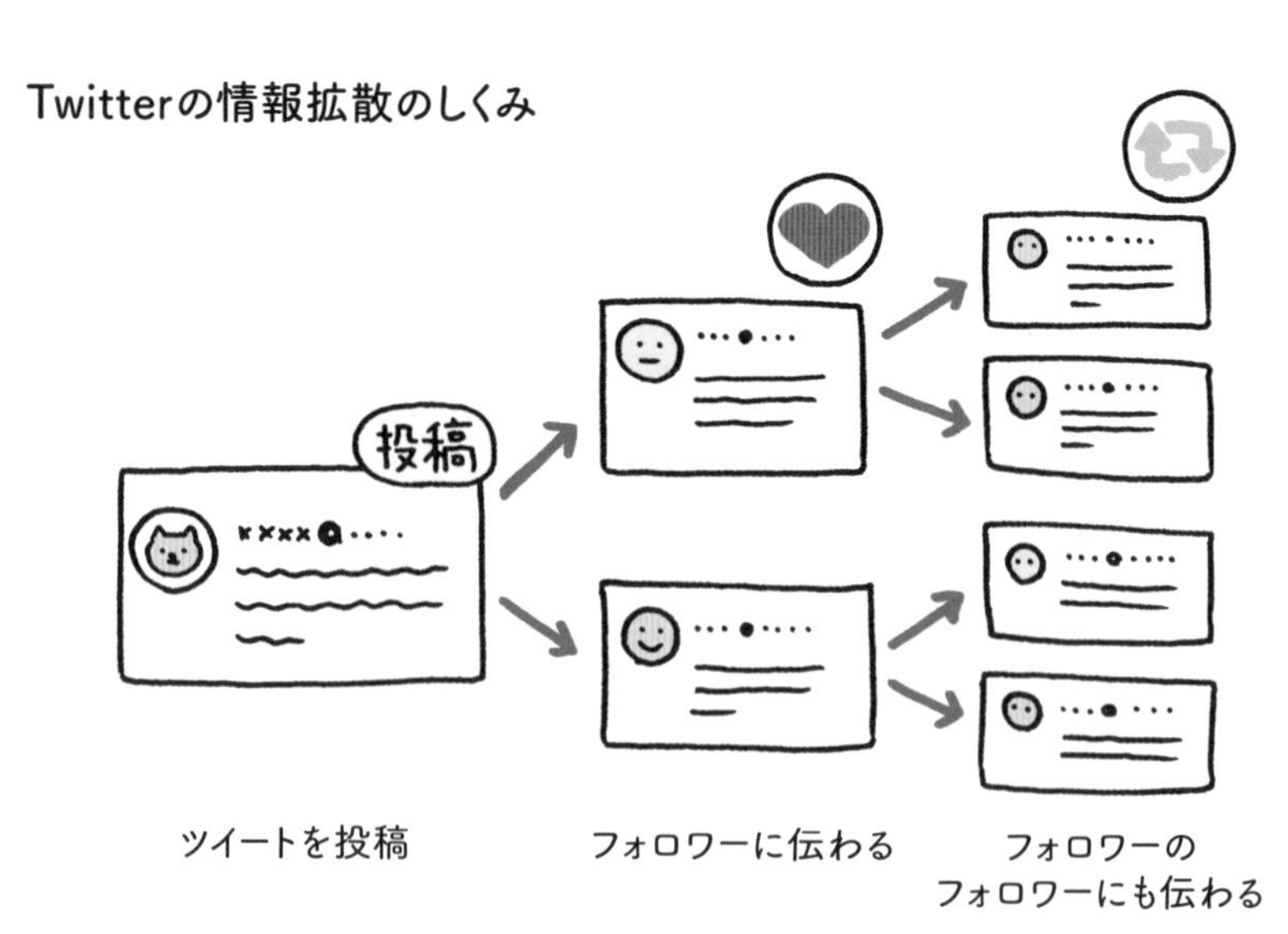

のように、Twitterを使っていないネットユーザーも、検索エンジンを経由するなどしてつぶやきを閲覧することは可能です。

Twitter内検索者

「フォロワー」「一般ユーザー」以外にも、貴社Twitterのつぶやきを見つけて閲覧することができるユーザーがいます。それが「Twitter内検索者」です。

Twitterには検索機能があり、Twitterユーザーや、Twitterの中で発信されている「つぶやき」を検索することができます。タイムリーで細かい情報も探せるTwitterでは、交通情報や最新ニュースをはじめ、**地域のお店の最新営業情報や地域イベント情報も探される**ことでしょう。

なお、Twitterは情報収集のためのツールだと考えるZ世代は多く、全体の72%が「Twitterで情報検索をしている」と回答しているというデータもあります。[*1]

冒頭でお話しした青年会議所様、生花店様は、まさに「地域のかたなどにTwitter内検索をされて」来場、来店につながったわけですね。

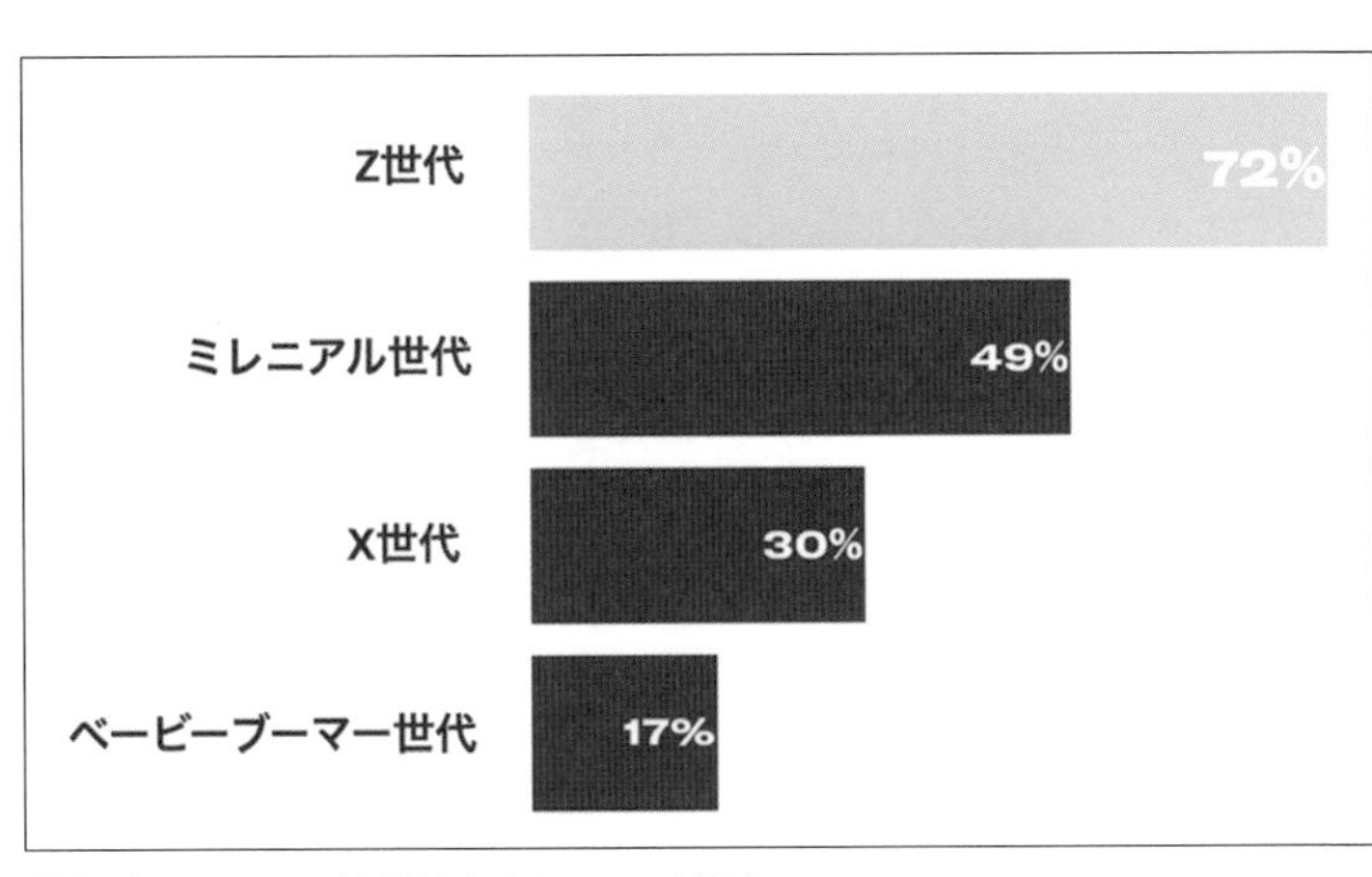

世代別 Twitterで情報検索をしている割合

＊1　出典：Z世代 × Twitterが購買につながる理由
https://marketing.twitter.com/ja/insights/there-is-gen-z-on-twitter

3 「店頭の看板」のように気軽に発信

何を投稿すればいいの？

貴社は、まず基本的には**「フォロワー」さんに役に立つような「つぶやき」をすればよい**と思います。わざわざ読者になっていただいているフォロワーさんに対しての、大げさに言えば「恩返し」です。そしてリツイートなど**情報拡散の起点になるのは、たいていフォロワーさんだから**です。また第11章でも触れますが、「具体的な誰か」をイメージしたほうが投稿しやすく、伝わりやすくもなります。

「役に立つ」というのは、博識や名言を披露するとかそういうことではありません。先にご紹介した平野製餡所様の「あんこ出来ました！」というつぶやきは、「出来立て（もしくは売り切れ）であることを知らせてくれた」「どんな種類のあんこがあるか知らせてくれた」という、「役に立つ」つぶやきなのです。

告知としてシンプルに使う

お店からの「お知らせ」は、来店してほしい、買ってほしいという「宣伝」に他なりません。しかしそのお知らせも、求めているお客様からすれば「有益な情報」になります。役立つ情報とは何だろうか、有益な情報を提供しなくてはと考えると手が止まってしまいますので、まずは「告知の場」としてTwitterをシンプルに使ってみるのはいかがでしょうか。

イベントの告知は3点セット

イベントのお知らせについては、「後日行います」という告知はよく行われます。しかしそれだけで終わらせるのは、もったいないと思います。

イベント告知は**「やります」「やっています」「やりました（ありがとうございました）」という3点セット**だと思って実践いただくと、「後日行います」に比較して投稿ネタは3倍になりますね。

また、「今、やっています」というフレッシュな情報は地域住民のかたにもメリットのある情報です。そして「イベント終了しました」という趣旨のお知らせで「感謝」を述べると、地域住民のかたの共感は増していくのではないでしょうか。

「Twitter」では**「ブログの告知」**もよく行われています。Twitterには文章だけでなく「写真」「リンク（URL）」も記載することができますから、Twitterを使うことで「書いた直後の（＝検索エンジンではまだヒットしない）ブログ記事」を多くのかたに見てもらえるチャンスでもあります。

よくある告知の例

新商品情報	新商品の発売日や発売方法などを知らせる
臨時営業情報	台風でお店を開けられないときや、通常は定休日だが臨時でオープンするときの案内をする
後日行います	イベント告知
今、やっています	イベント当日に、その雰囲気を伝える
イベント終了しました	イベント参加への感謝を述べる
ブログの告知	ブログ記事の概要とURLをつぶやく

chapter 5

4 フォロワーは多ければ多いほどいい？

伝わる人に伝わるかどうかが重要

Twitterは「フォロワーを増やすゲーム」ではないので、フォロワーが多いことが「成功」なわけではありません。**お店の情報が伝わるべき人に伝われればよいので、フォロワーが多くても少なくても経営効果には関係していきません。**ましてや「フォロワーが増えない……」ということに気を揉む必要はないのです。

しかし、セミナーなどであまりにも「フォロワーが増えない」ことを心配されている経営者様が多いので、フォロワーを増やすコツを挙げてみます。

フォロワーを増やすコツ

フォロワーを必要以上に求めない

フォロワー数と経営効果は直結しない

❶ハウツー的な情報を投稿する

「有益な情報を提供するお店だ」という印象を持ってもらえるとフォロワーが増えやすいです。有益な情報を多く提供することで、リツイートなども発生しやすく、認知が拡大し、ますますフォロワーが増えやすくなると思います。

❷情熱、熱意を伝える

応援したい！という意味でのフォロワーが増えると思います。この「応援」という切り口は第11章でも取り上げます。

❸こちらからコミュニケーションを取っていく

「いいね」やフォローなどのコミュニケーションをこちら側から取っていくと、貴店が先方に認知され、フォローしてくれることもあります。

❹他媒体で告知する／キャンペーンする

ブログやホームページ、紙媒体で「Twitterはじめました！」と告知したり、Twitterでフォローして店頭でそれを示してくれたらプレゼントなどの方法でプロモーションを行うと、フォロワーが増えやすいでしょう。

■⑤相互フォローする

禁断の方法ではありますが、Twitter内で「#企業公式相互フォロー」などのハッシュタグを付けて投稿しているユーザーをフォローすると、フォローし返してくれる可能性が非常に高いです。つまりお互いにフォローしあいましょうということです。ただしこのような〝薄い〟〝ドライな〟関係性でフォローされた場合、リツイートなどはされにくく、情報の拡散性は高くないでしょう。

フォローを躊躇されないために

なお、フォローしようか、どうしようか？　と思ったときに私が確認するのは**「プロフィール」**と**「最近の（直近数回の）投稿」**です。

プロフィールの「名前」は50文字以内、「自己紹介」は１６０文字以内で書けます。次のような内容を書いておくとよいでしょう。

◉業種
◉屋号
◉特徴
◉最近のお知らせ（新商品や季節の商品など）

これ以外にも「趣味」などを書いて人柄を出すのもよいですし、電話番号を書くのもよいですね。名前も自己紹介も何度も書き直せますので、気軽に取り組んでみてください。

「最近の（直近数回の）投稿」を確認する理由は、**「だいたいどんなことを発信するかたなのか？」を確認できるから**です。

プロフィールには「愛犬と一緒に明るく店番しています♪♪」と書かれていても、最近の投稿では「他社の批判」「政治、宗教的な強い主張」「愚痴、ぼやき」などが書かれていたら、フォローするのを躊躇してしまいます。

chapter 5

5 Twitterでお客様のニーズを知る方法

マーケティング用途にも使える

Twitterは匿名で利用できるゆえに「生々しいつぶやき」も散見されます。一般のかたが「何となく感じている」ことを「気軽に」つぶやける場所だからこそ、「一般人の本音」が見え隠れすることでしょう。

試しにTwitter内検索で、貴社に関係ある言葉で「検索」をしてみてください。**関連商品やサービスに対する不満や率直な感想は、マーケティングに活かすことができるかもしれません。**

このとき、「自社名」「商品、サービス名」「（経営者の）個人名」などで検索してみることを「エゴサーチ」と言ったりします。

ちょっとドキドキしますが、「自社名」「商品、サービス名」「（経営者の）個人名」で検索してみると、良くも悪くも、貴社そのものに対する意見や感想が垣間見れたりします。

なお、エゴサーチした結果、**ネガティブなことが書かれていても、反論したり釈明をするのは得策ではありません。**

Twitter投稿は、あくまでも「つぶやき」（独り言）であり、お店への直接的なクレームではありません。その独り言に対して感情的な反論をすれば、余計なトラブルの火種になり、炎上するきっかけにもなってしまいます。

「ありがたい意見を頂戴できた」くらいの気持ちで、心にとどめる程度にしましょう。

Column

Twitterを使うと新聞やテレビに取り上げられる？

Twitterは、「地域の住民」に限らず、全国の一般ユーザーが使っています。そこには「マスコミ関係者」も含まれます。

以前、私のクライアント様が突然テレビに出演していたのを見つけました。そのクライアント様は私生活上で特定の経験をしており、そのことを「たまたま」Twitterでつぶやいていたようです。その「たまたま」「過去に」つぶやいていたことがTwitter内検索でヒットし、その「特定の経験」についてのニュースを作ろうとしていたマスコミ関係者からテレビ出演打診があったそうです。

なお余談になりますが、マスコミ関係者、メディア関係者は絶えず「ネタ」になることを探しているようです。マスコミ関係者、メディア関係者から「この人（お店、会社）は取材の連絡が取りやすい」と思ってもらうためには、「取材対応可能である」旨をホームページやブログに掲載しておくこともおすすめします。

初めてのかたへ　ご相談事例　コンサルティング　講演／セミナー　プロフィール

新聞社／出版社／編集社／ライター／会報編集ご担当者様へ：
中小企業（製造業、小売サービス業等）のホームページ（Web）活用、またSNSリスクコンプライアンス（SNS社員教育）に関し、執筆、監修、取材協力をお受けしております。お気軽にお声がけください。特定のWeb制作業者／システムベンダーに属さない中立的な内容、中小企業Web運営実務経験をもとにした内容が好評です。

新聞記者、TV・ラジオ局編集ご担当者様、リサーチャー様へ：
神奈川県内を中心に、Web活用に長けた中小企業様等をご紹介できます。またユニークな企業研修を行う会社や各種専門家のご紹介も可能です。
また特定のWeb制作業者／システムベンダーに属さない中立的な立場から、中小企業Web運営実務についてコメント、取材対応可能です。また企業がSNSを利用するリスクやマナーについて電話取材等に応じております（代表直通電話　080-5007-8901）。

著者ホームページの「メディア掲載」ページ

chapter 5 のおわりに

まずは、やってみましょう

◉ Twitterはスマホ・タブレット・パソコンで行うことができます。一番使いやすいもので開始してみましょう。
※パソコンの場合は「https://twitter.com/」で検索して登録します。スマホ・タブレットの場合はTwitterのアプリをダウンロードして登録しましょう。

◉ Instagram同様、SNSで大切なのは「プロフィール」です。「自己紹介」には事業所の特徴、所在地、看板商品などを記載しましょう。

◉気負わずシンプルに「投稿」してみましょう。開始直後は反応がまったくなく、寂しい思いをすると思います。プロフィールを書き数回投稿したら、知り合いを「フォロー」して、「いいね」やコメントで交流しましょう。すると「フォロー」が返ってくる（＝フォロワーになってくれる）こともあり、だんだん交流がはじまり楽しくなると思います。

◉繰り返しですが「他社やお客様の批判」「政治宗教的な強い主張」「愚痴、ぼやき」は、やめましょう。あくまでお店や会社の案内、感謝、他ユーザーとの交流の場であるということを心掛けましょう。

◉参考にすべき秀逸なTwitterアカウントをご紹介します。フォローして学んでみましょう。
【小売店】「内藤金物店」様　https://twitter.com/ntkanamono
【飲食店】「きなり食堂」様　https://twitter.com/kinarishokudo
【サービス業】「キタデザイン」様　https://twitter.com/kitadesign39

chapter 6

新規ではなく
リピート施策
「LINE公式アカウント」の
超基本

chapter 6

1 LINE公式アカウントがリピート施策になる理由

人口の7割が利用するLINE

LINEの日本国内月間利用者数は9200万人[*1]で人口の約70%が活用しているそうです。社内スタッフ同士の連絡、保護者同士の連絡、また家族間の連絡などにLINEは高い頻度で活用されていると思います。

また、利用ユーザー属性は多岐にわたっており、「まんべんなく」利用されているアプリだと言えます。

「お店版のLINE」=LINE公式アカウント

「その、多くのかたに使われているLINEをぜひ商売に活かしたい！」と思ったときに、もっとも適しているのは「LINE公式アカウント」を開設運営することでしょう。

LINE公式アカウントとは「お店版のLINE」です。2

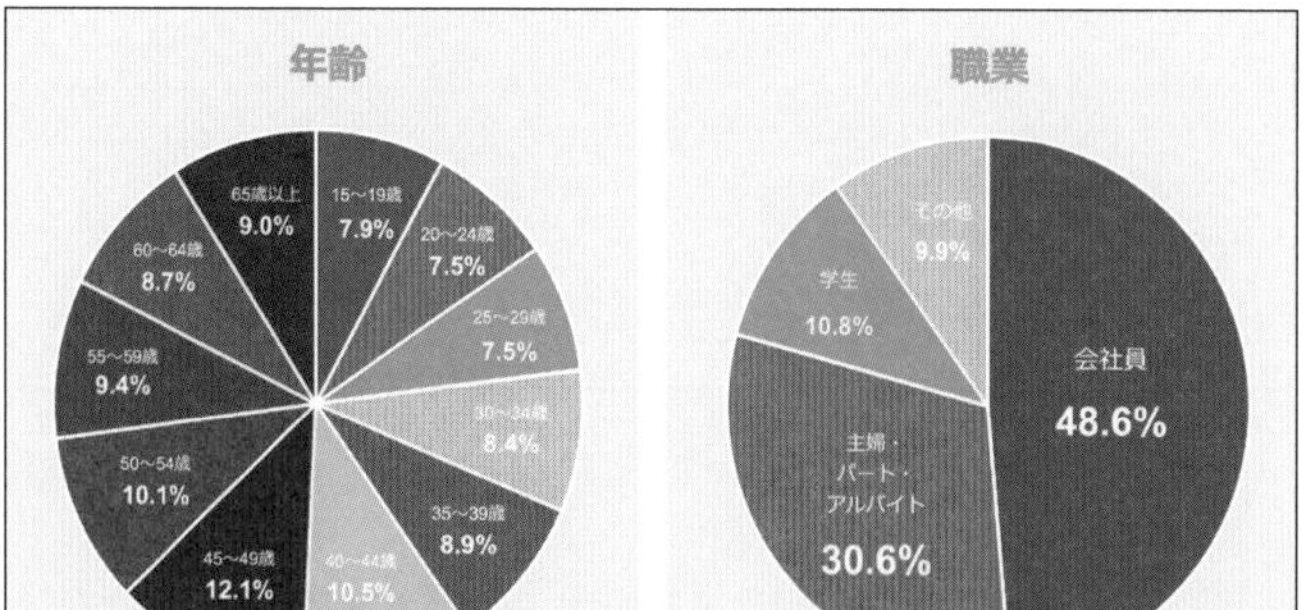

年齢

15〜19歳 7.9%
20〜24歳 7.5%
25〜29歳 7.5%
30〜34歳 8.4%
35〜39歳 8.9%
40〜44歳 10.5%
45〜49歳 12.1%
50〜54歳 10.1%
55〜59歳 9.4%
60〜64歳 8.7%
65歳以上 9.0%

若年層、シニア層を問わず
各年代にユーザーがいる

職業

会社員 48.6%
主婦・パート・アルバイト 30.6%
学生 10.8%
その他 9.9%

会社員が最も多く
ついで主婦や学生が多い

LINEのユーザー属性 *2

*1 出典:LINE2022年7-9月期 媒体資料
*2 出典:媒体資料

０１９年春まで「ＬＩＮＥ＠（ライン アット）」と呼ばれていましたが、サービスが再編され、ＬＩＮＥ公式アカウントという名前に変わりました。

実は、**一般的な個人向けの「LINE」は商用利用が禁じられています**。お店や会社で「個人のＬＩＮＥ」を使うことができないこともあり、無料からでも利用可能なＬＩＮＥ公式アカウントを開設するお店や企業が増えているようです。

それでは、ＬＩＮＥ公式アカウントを使うとどんなことができるのでしょうか。

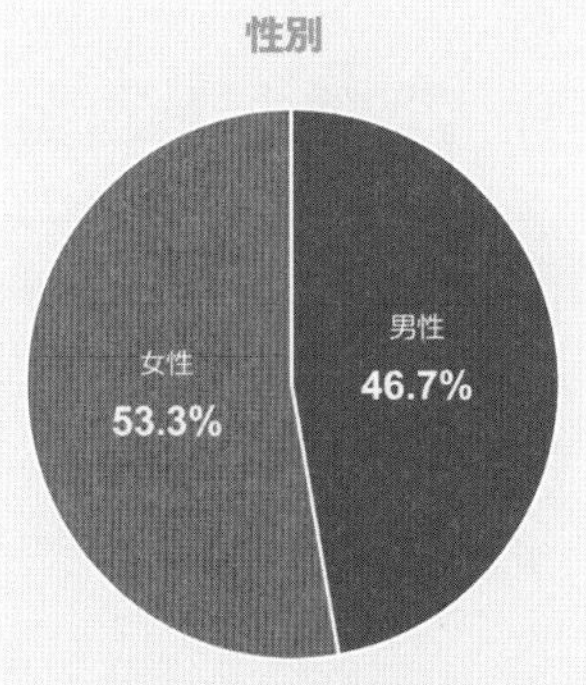

性別

男性 46.7%

女性 53.3%

男女比は、やや女性が多い

■LINE公式アカウントでできること

◉**メッセージ配信**……お店のＬＩＮＥ公式アカウントを「友だち」として追加してくれたユーザーに対し、メッセージ（ＰＲ、お知らせ）を送ることができる

◉**LINEチャット**……ユーザーとスマホ上で１対１のやり取りができる

◉**リッチメッセージ**……リンク付き画像などを送ることができる

◉**リッチメニュー**……大きく見やすい「ボタン」を設置することができる

◉**LINE VOOM**……ＳＮＳ投稿のように気軽な情報発信ができる

◉**ショップカード**……購入や来店などで「ポイント」を貯められる「ＬＩＮＥ版スタンプカード」

◉**クーポン・抽選**……来店促進用に「クーポン」を作成できる

◉**LINEコール**……ユーザーからLINE公式アカウントに無料で通話やビデオ通話ができる

思い出してもらって、再来店へ

LINE公式アカウントのもっとも基本的な機能で、**お店の立場でよく使うのは「メッセージ配信」**かと思います。その名の通り、ユーザー（お客様）にお店の情報を伝えることができる機能ですね。

配信したメッセージは個人のLINEでよく使われる「トーク」画面に届きます。ユーザーは、トーク画面を日常的に見ています。そこに直接、お店や会社からの情報が届けられるわけですから、ユーザーは積極的に情報を探しに行くことなく、そのお店や会社の情報に触れることができます。つまり、**そのお店や会社のことを思い出しやすくなり、さらには「再来店」へとつながっていく**のです。

無料版では「月1000通まで」

LINE公式アカウントは無料プラン（フリープラン）と有料プラン（ライトプラン、スタンダードプラン）があります。執筆時点では、料金は表のようになっています。

トーク
カネミ薬局
金曜日
カネミ薬局薬局からのお知らせです (cony smile) いつもカネミ薬局をご利用頂き…
化粧品の店　リッツ　アルビオン
金曜日
化粧品の店　リッツ　アルビオンが写真を送信しました
たこまん
金曜日
お待たせいたしました！【『大粒完熟苺大福』1月29日発売】大変希少な「完熟苺…
ｸﾘｰﾆﾝｸﾞｼｮｯﾌﾟ サニー藤沢店
金曜日
《LINE限定クーポン♪》【ドライ品・Yシャツ・水洗い品・寝具等全品20％引…
アンファーニュ　コスメティックス
1/26
アンファーニュ　コスメティックスが写真を送信しました
リップスティックみかさや
1/25
リップスティックみかさやが写真を送信しました

「友だち」登録したお店からの情報が、「トーク」画面に自然に入ってくる

つまり、月に1000通までのメッセージ配信であればフリープラン（無料）で利用できるのです。フリープランでも友だちが100人であれば月10回まで、500人であれば月2回までのメッセージ配信ができますね。

LINE公式アカウントの開設は「https://www.linebiz.com/jp/entry/」から行うことができます。

なお、LINE公式アカウントの料金プランは2023年6月に改定されるというアナウンスがあります（https://www.linebiz.com/jp/news/20221031/）。改定後、**月額固定費無料のプランでは毎月のメッセージが200通まで**になるようです。費用対効果を考慮し、プランをご検討ください。

LINE公式アカウントの料金プラン（2022年12月現在）

	フリープラン	ライトプラン	スタンダードプラン
月額固定料金	無料	5,000円	15,000円
無料メッセージ通数	1,000通	15,000通	45,000通
追加メッセージ料金	不可	5円	～3円

2 LINE公式アカウントでは「お得情報」が求められている

メッセージ配信がLINE公式アカウントの基本となる運用手段です。それでは、どのようなメッセージ配信をすればよいのでしょうか。すでにLINE公式アカウントを活用してるお店様の実例を見ていきましょう。

お知らせ(メッセージ)の配信事例

小田原市でステーキ、焼肉などを提供する「牛鉄 勝蘭」様では、LINE公式アカウントで**「裏メニュー」やクーポン**などを配信しています。

普通、裏メニューはお店に行って店主に聞かないとわからないものですが、牛鉄様ではLINE公式アカウントで「友だち」に率先して裏メニューを伝えていて、「限定好き」な消費者の心を掴んで

裏メニューを伝えている例（牛鉄 勝蘭様）

います。

鎌倉市を中心にクリーニングチェーンを展開する「クリーニングショップサニー」（有限会社湘南ドライセンター）様では、**20％引きなどのクーポン**を発行しています。ここでもやはり、「お得情報」が発信されていますね。

加古川市で化粧品、エステを営む「バラエティドラッグ PAX」様では、月末に翌月の**スタッフシフト表そのものを画像で配信**しています。

化粧品やエステは「馴染みのスタッフ」様ができやすいと思いますが、このようにシフト表がわかると、エステの予約や化粧品購入の予定を立てやすいはずです。

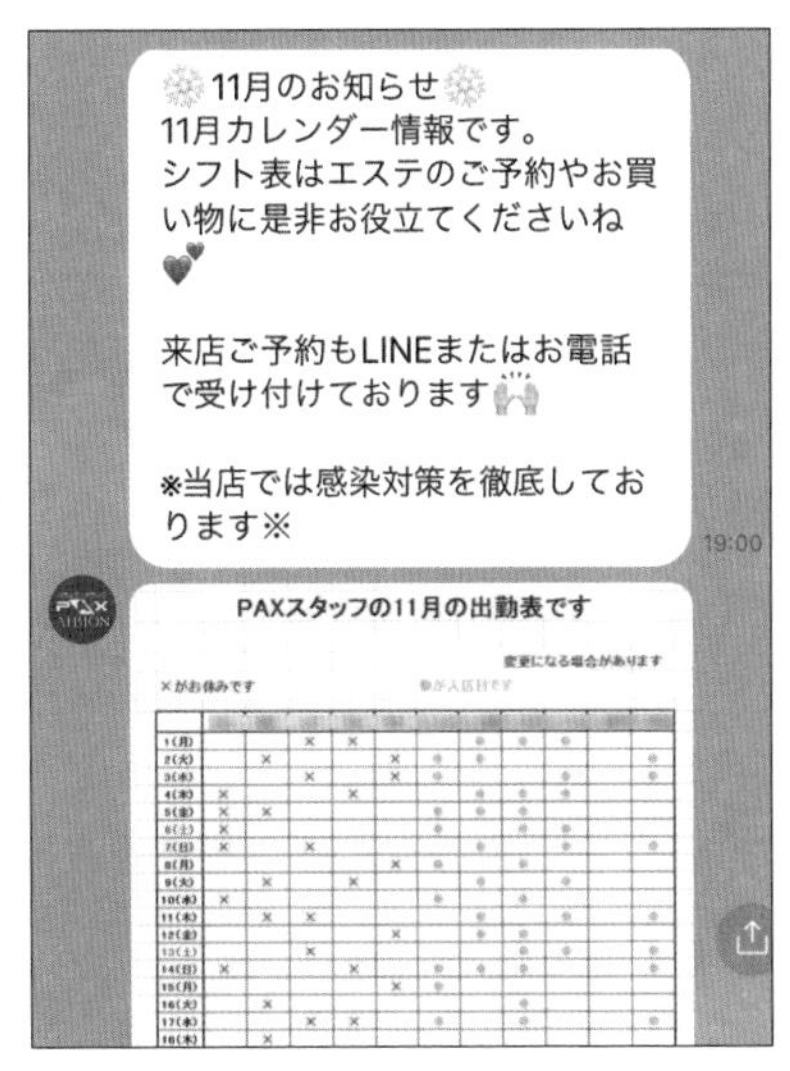

シフト表を配信している例
(バラエティドラッグ PAX 様)

割引クーポンを発行している例
(クリーニングショップサニー様)

求められるのは「端的な、お得情報」

これらの例で見たように、LINE公式アカウントでは**「友だち（お客様）にとって何らかのメリットがある情報」「友だち（お客様）が便利だなと思える情報」が望ましい**ことがわかります。

仮に、「今日も元気に開店いたしました。スタッフ一同笑顔でお迎え申し上げます。ぜひご用命のほど何卒宜しくお願い致します。」のようなメッセージが来たらどうでしょう。面食らってしまうだけではないでしょうか。

スマホに直接届き、わざわざ「開封」して読むLINE公式アカウントのメッセージですから、友だち（お客様）としては「端的な、お得情報」を期待しているのです。ここを履き違えてはいけません。

お知らせ（メッセージ）の配信のしかた

LINE公式アカウントのメッセージは、パソコンやスマホ・タブレットで配信できます。個人向けのLINEとは少し操作が異なりますので、ここではスマホアプリ版LINE公式アカウントにて

❶ＬＩＮＥ公式アカウントのアプリを開き、「メッセージを配信する」ボタンを押す

メッセージ配信をする手順をご案内します。手順としてはとても簡単なものです。

❷「＋追加」ボタンを押し、メッセージに入れる内容（写真、テキストなど）を選ぶ

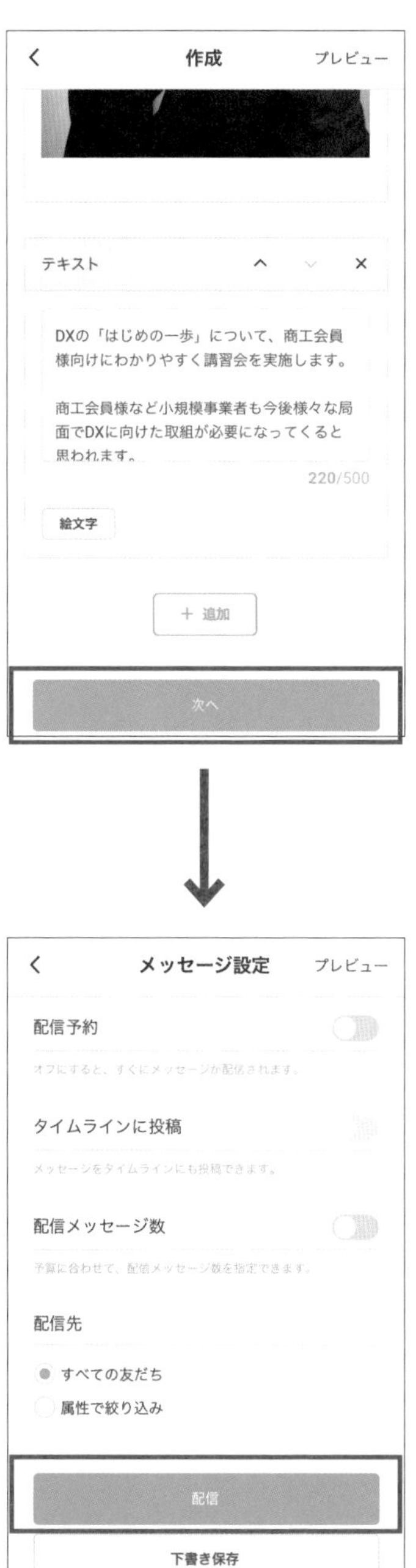

❸写真やテキストなど任意の内容を入力し、「次へ」を押す

❹予約配信なのか、すぐに配信なのかなどを決めて配信

chapter 6

3 「友だち」を増やすことが、リピーターの増加に直結する

ＬＩＮＥ公式アカウントの「友だち」は、貴社から情報が届くことを承諾した「読者」です。同じ労力なら、一度でより多くの読者に届いたほうがよいですよね。基本的には**読者である「友だち」は、増えたほうがよいとお考えください**。

なお、すでにお話したように、無償のプランでは月に１０００通までメッセージを配信できます（執筆時点）。「友だちが増えたら、フリープランでは収まらなくなってしまう……」とお考えかもしれません。

私が日々接している中小企業様の場合、友だちが増えて月に１０００通では収まらなくなった場合は、有料プランに変更されるケースがほとんどです。そのくらいに友だちが増えたら、有料であってもＬＩＮＥ公式アカウントを運用することが「集客方法として合理的である」と判断されるのでしょう。

「友だち」を増やすための方法

❶ＱＲコードを掲載、掲示する

お客様に「友だち登録」をしてもらうための手段として、定番にあたるのがＱＲコードを使った方法です。

自店のＬＩＮＥ公式アカウントの「友だち追加」画面に進めるＱＲコードは、**ＬＩＮＥ公式アカウントの管**

理画面から簡単に入手できます。参考まで、ホームページコンサルタント永友事務所のＬＩＮＥ公式アカウントのＱＲコードは下図のものです。

お客様側は、通常のＬＩＮＥの「友だち追加」ページにて、「ＱＲコード」というところからこれを読み込むと、お店のＬＩＮＥ公式アカウントを「友だち」として追加できます。

このＱＲコードは、

◉店頭に掲示する
◉ホームページやブログ、ＳＮＳで知らせる

などの方法で周知することができます。

なお、ＬＩＮＥ公式アカウントの管理画面（パソコン版）にて、このＱＲコードが入った「ポスター」（画像データ）をダウンロードすることもできます。とても親切ですね。

❷ホームページやブログにボタンを設置する

ホームページやブログに、「ＬＩＮＥ友だち追加」というボタ

ポスター
デザインを選択
友だち募集中
グリーン
ホワイト（書き込み可）
シンプルグリーン
キャッチコピーを選択
LINEでお店のクーポンがもらえる！
友だち登録でクーポンをプレゼント！
うれしい情報をLINEでお届け！
友だち登録でお得な情報をGET！
LINE限定のお得な情報配信中！
お店の最新情報をGET！

「ポスター」のダウンロード画面

ＱＲコードの例（永友事務所のＬＩＮＥ公式アカウント）

ンが付いているのを見たことがあるかもしれません。「LINE友だち追加」というボタンを押すとQRコードが表示されます。お客様側はそれを読み込むと、お店のLINE公式アカウントを「友だち」として追加できます。

　このボタンを表示するには、「LINE Social Plugins」というものをホームページやブログに設置する必要があります。少し難易度は高いかもしれませんが、「https://developers.line.biz/ja/docs/line-social-plugins/」の「友だち追加ボタンを設置する」から行えます。

❸接客中に口頭でご案内する

「接客中に口頭でご案内する」というのも、実務上よくあるケースでしょう。特に化粧品屋さんなど対面販売をされるご商売では、接客の流れの中で「お店がLINEをはじめた」ということをご説明することも多いでしょう。

　その際、お客様が不慣れな様子であれば、友だち

ご予約やお問い合わせもLINEから24時間承りま
整体やパーソナルトレーニング・リフレクソロジ
体公式LINEアカウントにご登録ください。
スタンプをお送り頂くと、根本と直接LINEメッセ

神奈川県川崎市「ねもと整体&ストレッチスタジオ」様のブログにも友だちボタンがある。これを押すと……

QRコードをスキャンするとLINEの友だちに追加されます
QRコードをスキャンするには、
LINEアプリのコードリーダーをご利用ください。

友だち追加のＱＲコードが表示される。お客様側はこれを個人のＬＩＮＥにて読み込む

登録を手伝ってあげることもできると思います。

前述のように、友だち登録のＱＲコードを掲載、掲示したり、友だち追加ボタンをホームページやブログに掲載したりする方法では、**「友だち登録をしてくれるのを期待して待つ」ことしかできません。接客中に口頭でご案内することによって、かなり高確率で「友だち」になってくれるものと思います。**

以前、岐阜県の薬局様にコンサルティングでお邪魔した時のことです。「ＬＩＮＥ公式アカウントをはじめてみたい」とのことでしたので、ＬＩＮＥ公式アカウントの開設サポートをさせていただきました。

ＬＩＮＥ公式アカウントの開設を無事に終えたあと、私やスタッフ様など数人が友だち追加をして、この薬局様の友だちは「３人」になりました。

「はじめはみんな友だちが『数人』です。これから、10人、20人、50人、１００人……と、コツコツ増やしていきましょう」

「そのためにも、店頭でスタッフ様から声がけをしていただくのがよいと思います。友だちが３００人になったら、労をねぎらって、スタッフ様にケーキでもご馳走してくださいね」

と冗談交じりに経営者様に申し上げました。

今ではこの薬局様の「友だち」は９００人になっています。この街の人口を考えるとかなりの割合でお客様が「友だち」になっているようです。

ケーキは3回食べられたでしょうか？　そこまでは伺っていませんが、**スタッフ様の声掛けはとても大切**です。社内一丸となってＬＩＮＥ公式アカウントの推進を行っていただければと思います。

chapter 6

4 LINE公式アカウントを「交流ツール」として使うケース

宣伝ではなく、SNSとして使う

LINE公式アカウントで「情報発信」する機能は「メッセージ」だけではありません。**「LINE VOOM」（ラインブーム）というSNSのようなコーナーでも情報発信が可能**です。

函館市の人気菓子店「和創菓ひとひら」様もLINE公式アカウントを使っていらっしゃいます。「雨の日割引」や「クーポン」などをメッセージで配信するかたわら、LINE VOOMではざっくばらんな投稿をしています。

ハッシュタグを使えるところも含めて、**雰囲気としてはInstagramに近い**と思います。LINE VOOMの投稿には和創菓ひとひら様のファン（友だち）からの「いいね！」もたくさん付いています。

SNSは使っていないけれども、お孫さ

タイムラインの使用例（和創菓ひとひら様）

んとビデオ通話するためにLINEだけは登録しているというシニアのユーザーも少なくありません。そんなかたにとっては、この「LINE VOOM」が、他のユーザーと交流するというSNS的な要素に該当するのです。

第1章でSNSのことを「ネット上の集会所」と表現しました。親しいかたを中心にしたコミュニティがネット上にあるイメージです。

読者の皆様が一番イメージしやすい「親しいかたとのコミュニティ」を想像してみてください。家族団らんの時間かもしれません。スナックやバーでのひとときかもしれません。フィットネスジムに通う会員どうしのおしゃべりの場かもしれません。

そんな「親しいかたとのコミュニティ」では、自然な会話の中で「このお店がおすすめだよ」とか「新しい商品を使ったんだけど」など、ざっくばらんな情報交換が行われることでしょう。そしてそこで親しいかたに勧められたお店や商品は、つい試してみたくなることも多いと思います。

お店がSNSというコミュニティを使うメリットのひとつは、「ざっくばらんな会話の中で自然に自社商品を伝えることができること」です。SNSでは、もはや「お店と客」という立場ではなく、「みんなが仲間」のような雰囲気で過ごすことが、かえって商売につながるのです。

お客様と一緒になって、商売っ気を出さずに楽しくワイワイする場所。それがお店にとってのSNSと言えます。

「一斉連絡ツール」として使うケースも

先述の通り、ＬＩＮＥ公式アカウントでは「お得情報」が求められます。しかし、それを提供できない事業所様にとっても別の使い道があります。その代表的な例が「一斉配信」です。月に１０００通を超えなければ無料でメッセージを配信できるわけですから、例えば生徒さんが数十名～１００名くらいの教室、スクール様などでは、臨時休校のお知らせなどの「連絡」を送るツールとしてＬＩＮＥ公式アカウントが最適かもしれません。

chapter 6

5 紙のスタンプカードを廃止できる？「LINEショップカード」

デジタルで済ませるスタンプカード

LINE公式アカウントには「ショップカード」という機能もあります。わかりやすく言えば**スタンプカード（ポイントカード）がLINEの中に納まったもの**と言えます。

紙のスタンプカードは財布の中で、かさばりますよね。「ショップカード」は友だちの「LINEウォレット」の「LINEマイカード」の中に収まりますので便利です。

横浜市にある人気ヘアサロン「ヘアサロンエア」様では30ポイントたまると1000円OFF（執筆時点）というショップカードを発行しています。

QRコードで簡単にポイントを付与できますし、カードの有効期限も決めることができます。また、ポイントがすべてたまるまでの、途中ポイントでの特典提供なども設定できます。最近はコンサルティングの現場で、このLINEショップカードについて関心を示す小売店、サービス業様が増えているように感じます。

「友だち」登録のきっかけにも

このLINEショップカードは、LINE公式アカウントの「友だち」になったユーザーのみ利用することができます。逆に言うと、ポイントがたまったときの特典をもらうためには「友だち」になる必要があるので、お店としては**ショップカードの利用を広げていくことが「友だち」増加にも貢献する**のです。

これまで見てきたように、友だち登録そのものを店頭で手伝ってあげたりすることも含め、**LINE公式アカウントは他のWebツールに比べてユーザーと「関われる」場面が多く、再来店に向けてお客様と関係を深めるチャンスが多い**とも言えます。

LINE公式アカウントはお客様との「かかわり」を強化するツールだと捉えるとよいでしょう。

LINEショップカードの例

chapter 6 のおわりに!

まずは、やってみましょう

◉「https://www.linebiz.com/jp/entry/」からＬＩＮＥ公式アカウントの開設を行いましょう。

◉まずはご自身、スタッフ様、ご家族などに「友だち」になってもらいましょう。その過程で、友だち追加の流れやメッセージ配信の練習ができます。どんな人気ＬＩＮＥ公式アカウントでも、はじめは友だちが数人なのです。ご安心ください。

◉お得情報でリピートを促すのか（＝メッセージ配信が最適）、友だちとの交流を楽しみながらファンづくり／リピートを促すのか（＝LINE VOOM が最適）、一斉連絡として使うのか（＝メッセージ配信が最適）、目的をはっきりさせると運用が捗ります。

もう古い？ どうする？
「Facebook」の超基本

chapter 7

1 既存客のリピート利用を生むFacebook

残念ながらユーザー数は減っている

2019年のFacebookの国内利用者数は2600万人だったと言われています。[*1] 2016年には2700万人いると言われていたFacebookですが、[*2] 徐々に利用者が減っている状況です。

2019年にはFacebookにて大規模な個人情報流出のニュースがあり、[*3] Instagram などFacebook以外のSNSの台頭も相まって、ユーザーが離れていったのかとも思います。

しかし一方で、Facebookを愛用する根強いファンもいるように感じます。

ビジネスパーソンがつながるFacebook

このFacebookですが、**特に製造・法人向けサービス業様（B to Bのビジネス）にはまだまだ有用な道具になり得る**と思います。それは原則としてFacebookでは「実名登録」が求められているからです。実名で登録しなければならない決まりのFacebookでは、学生や主婦など「実名を出す必要性が特にない」かたよりも、「実名を出してでも他のユーザーと交流したい」と思うようなビジネスパーソンが多い印象があります。

Facebookが日本に上陸した2008年は、iPhoneやTwitterが日本に上陸した年でもあり、スマホやS

*1 出典：CNET Japan https://japan.cnet.com/article/35139021/
*2 出典：日本経済新聞 https://www.nikkei.com/article/DGXLASDZ15HML_V10C17A2000000/
*3 出典：日本経済新聞 https://www.nikkei.com/article/DGXZQOCB041VA0U1A400C2000000/

NSが流行しはじめた年でもあります。多くの消費者が使いはじめたSNSに商機を見出そうとした企業／ビジネスパーソン側が、こぞってFacebookに参加したという背景もあると思います。

もともとは「個人同士がネット上でつながれる」サービスとしてアメリカで発祥したFacebookですが、**日本でははじめから「商用利用」「ネット上の異業種交流会」というニュアンスで使われていった**ように思います。この名残から、Facebookにはビジネスパーソンが多く参加しているのだと思われます。

またFacebookは、InstagramやTwitterと違い、「相思相愛」でないと「友達」になれません。InstagramやTwitterには「フォロー」（読者登録）という仕組みがあり、一方的にフォローすることが可能でした。しかしFacebookでは、AさんがBさんに「友達申請」をし、Bさんが「承認」することでようやく、AさんとBさんは「友達」関係になります。

この仕組みから、**友達になるのは「実際の知り合い」であるケースが圧倒的に多い**と思われます。また、それがよいことかどうかは別にして、既存客や取引先のかたと「Facebookの友達」になることもあります。

関係性から生まれる自然な「リピート利用」

Facebookの「友達」は5000人が上限です。友達を増やすゲームではありませんし、関係が希薄な友達が増えてもまったく無意味です（むしろ疲れるだけなのでむやみに友達を増やすのはおすすめできません）。

私は執筆時点で934人の「友達」がいます。例えばその中にはコンサルティングのご相談者様もいれば、セミナーでお世話になった商工団体の経営指導員様もいらっしゃいます。基本的には一度実際にお目にかかったかたと友達になりますので、「Aさんは●●市でセミナー受講してくださったかた。たしか3列目にお座りだった」とか「Bさんは◎◎市商工会の経営指導員様で、▲▲セミナーでご用命をいただいたかた。雑談で日本酒の話をした」など、ほとんど把握しています。

■ニュースフィードで「友達」の近況がわかる

Facebookを開くとパッと出る基本の画面**「ニュースフィード」には、自分の投稿や「友達」の投稿が表示されます。**つまり、ニュースフィードには「友達」の近況がずっと流れてくるというわけです。このことから、「あ、あの人はいまこういう活動を頑張っているのか」「あの人は●●という商品を販促しているのだな」などなど、仕事がらみの近況を理解することもできます。

私の場合は「今日はセミナーで●●という街に来て

ニュースフィードには「友達」の近況が流れてくる

います。内容は▲▲セミナーです」などの「仕事がらみの投稿を、できるだけ宣伝臭くならずに」自然体で発信しているつもりです。

あるときは、それらの投稿を見た「友達」から、コメントやメッセージで「今度近くでセミナーがあるときは教えてください。また受講したいです」という、過去のセミナー受講者様（友達）からの連絡が入ることがあります。また、「そのセミナー内容に関心があります。ちょうど次年度にＷｅｂでの販路拡大セミナーを計画していますので、講座内容を詳しく教えてください」という、経営指導員様（友達）からの連絡が入ることがあります。

これらのケースからわかるように、お互いにそれを意図しているかどうかは別にして、**「Facebook で友達になっているからこそ、リピートでのご用命につながる」**という側面は多分にあります。

Facebook で行うべきことは、**ご自身の近況や取り組んでいることなどを「自然体」で伝えること**です。ときにはご家族のことや趣味のことでもよいでしょう。ことさら「拡散希望！！」などと声高に叫ぶ必要はありません。

そして、既存客と自然体でつながれるからこそ、あなた様の取り組みを自然に伝えることができ、再度のご用命につなげることができるのです。

なお、Facebook での人的つながりには「お客様」「上得意様」「上司」などの分類はありません。あくまで表向きにはすべてが「友達」という呼称のつながりになります。この「友達」というフランクな呼称が、お客様とも絶妙な距離感を生むような気がしています。

chapter 7

2 知り合いに近況を伝えることが、「紹介」につながることも

思いがけない紹介が新たなビジネスになる

Facebookの「友達」に自然体で近況を伝えることがリピート利用につながることをお話ししました。実はこの動きの延長で、**「紹介」もじゅうぶんにあり得ます。**

先日のことですが、私のFacebook友達（過去にセミナーに参加してくださった神奈川県内の経営者様）がFacebook上で「イベント出店に際し商品を多数作らないといけないが、その材料である『花』がまったく足りずに困っています」という投稿をなさっていました。

その投稿を見た私は、Facebook友達（過去にセミナーに参加してくださった奈良県内の生花店経営者

うお〜〜
どうすれば…！
お花を工面できますか？
困ってる…

様）に**Facebookメッセージ機能（メッセンジャー）**を使って「●●という花材が足りなくて困っているかたがいらっしゃいます。工面は可能でしょうか？」という旨の連絡をし、最終的にその経営者様同士の連絡を取りあっていただくまでになったことがあります。

まさにこれは「紹介」です。Facebookでは友達の近況が自然体で目に入り、またFacebookにメッセンジャーという連絡ツールが備わっていますので、このような「紹介」は頻繁に行われていると思います。

ところで、Facebookでは「個人名を実名登録したビジネスパーソン（経営者含む）同士が友達になって交流することでお互いの仕事につなげられる可能性がある」ということがすべてではありません。

「Facebookグループ」というコミュニティの活用メリット、またFacebookページという「Facebook版ホームページ」の運用についても考えていきましょう。

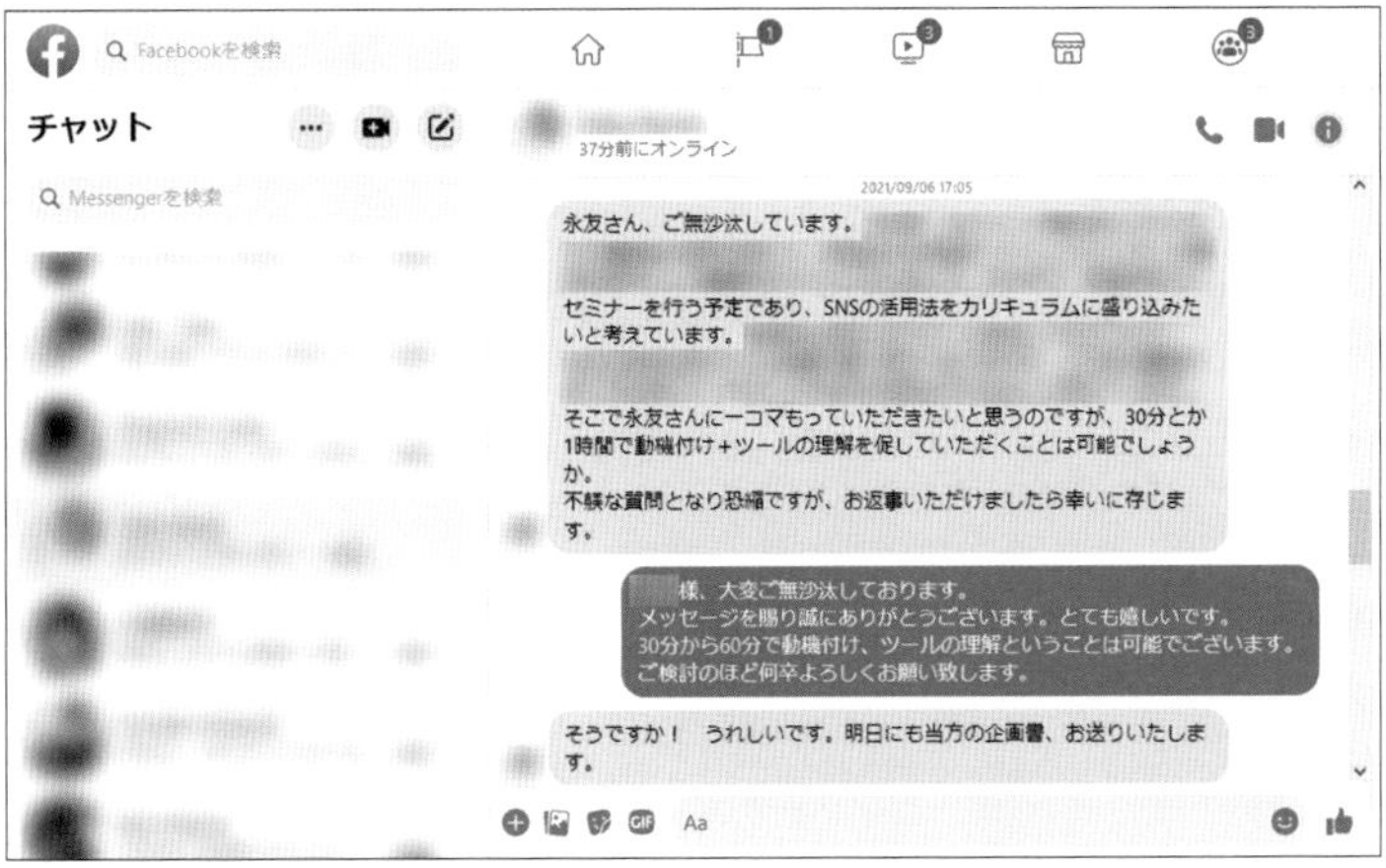

Facebookのメッセンジャーは、「メール」感覚で仕事の連絡によく使われる

chapter 7

3 「Facebookグループ」でお得意様と交流できる

クローズドな情報をお得意様に発信

ここでは「Facebookグループ」の効用についてお話しします。**Facebookグループとは、Facebookの中で作成できる「小部屋」のこと**です。

Facebookそのものが世界で数億人が使っている「ネット上の大きな集会所」とするならば、その中に小部屋がたくさんある、というイメージです。このFacebookグループ（小部屋）はFacebookユーザーであれば誰でも無料で作ることができます（Facebookを開いて画面左に表示される「グループ」から）。

Facebookユーザーだけでなく、検索エンジン経由で誰でも見ることができる小部屋を「公開グループ」、グループメンバーのみが限定的に、グループ内のメンバー構成やその投稿を見ることができる小部屋を「プライベートグループ」と言います。

グループ › グループを作成
グループを作成
永友一朗
管理者
グループ名
コンサルティングご相談者様グループ
プライバシー設定を選択
公開
誰でもメンバーとグループ内の投稿を見ることができます。
プライベート
メンバーとグループ内の投稿を見ることができるのはメンバーのみです。
グループのプライバシー設定について

グループ作成画面の「公開設定」

公開グループは誰でも見ることができますから、地域内の情報交換や、共通する趣味の情報交換などに使われることが多いようです。

一方、ここでご提案したいのは**「プライベートグループ」で既存客と交流すること**です。すでにお話をしたように、Facebookは新規集客というよりも「既存客のリピート目的」で使うほうが理に適っている道具です。

◉製造業様が、既存客などに情報提供するプライベートグループ
◉BtoB系のサービス業様が、最新ノウハウなどを情報提供するプライベートグループ
◉ネットショップ様が、既存客などに新商品情報を優先的に知らせるプライベートグループ

例えばこのようなケースが考えられます。これは俗にいう**「囲い込み」としてプライベートグループを運営する方法**になります。

お客様は必ずしもグループに参加する必要はありません。それなのにあえて参加していただけるということは、グループ内だけで入手できるクローズドな情報を期待しているのではないでしょうか。一般のネット上に出すよりも早く、できるだけ限定的/お得な情報提供をすると顧客満足度は高まることでしょう。

chapter 7

4 「Facebookページ」なら検索から見つけてもらえる

検索からの流入が見込めるFacebookページ

「Facebookページ」は、**Facebookユーザーが無料で作成できるホームページのようなもの**です。Facebookを個人として使う場合の「Facebook個人アカウント」での投稿の中身は、プライバシーの問題もあり基本的に検索エンジンにヒットしません。

Facebookページも「Facebookの友達や、Facebookユーザーだけが見られるのでは？」とよく誤解されますが、こちらは検索エンジンでもヒットします。つまり、**一般のネットユーザーも見ることができる**のです。

また、Facebookページは個人アカウントと違い、「インサイト」というアクセス解析機能が付いていま

Facebookページは検索にヒットする

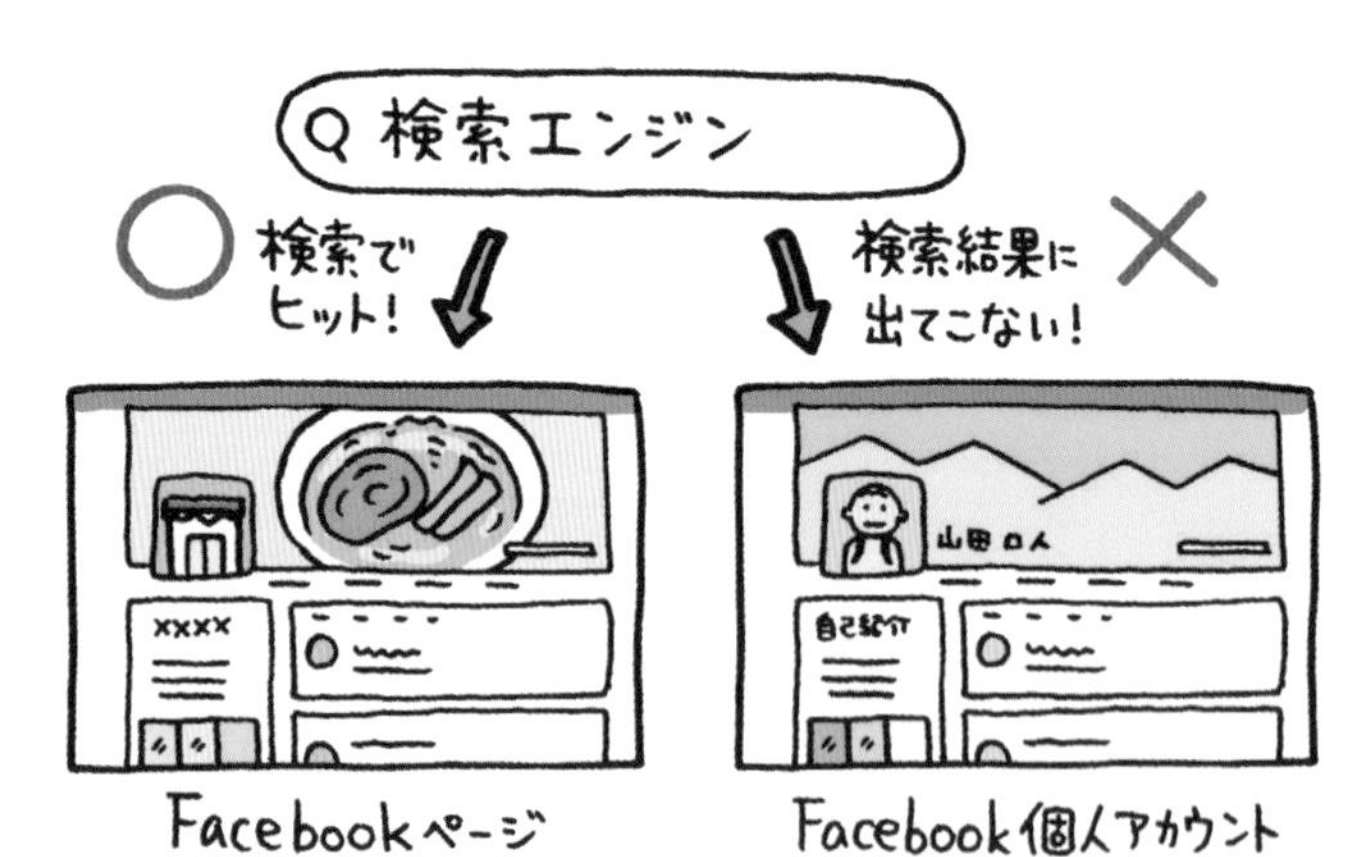

す。インサイトを見れば、**どの投稿が人気で反響が大きかったかなどがわかるため、マーケティング上での有益な情報を得ることができます。**

極端な例になりますが、自社公式ホームページを作って間もない頃は、それ以前に作っていたFacebookページのほうが検索上位に出てくるという可能性もあります。

いずれにしても検索エンジン経由でも閲覧が期待できますし、この仕組みを無料で使えるわけですから、特にサービス業様など、検索エンジンからの新規集客をお考えの事業者様はFacebookページの作成をおすすめします。新規作成は、Facebookを開いて画面左に表示される「ページ」から行えます。

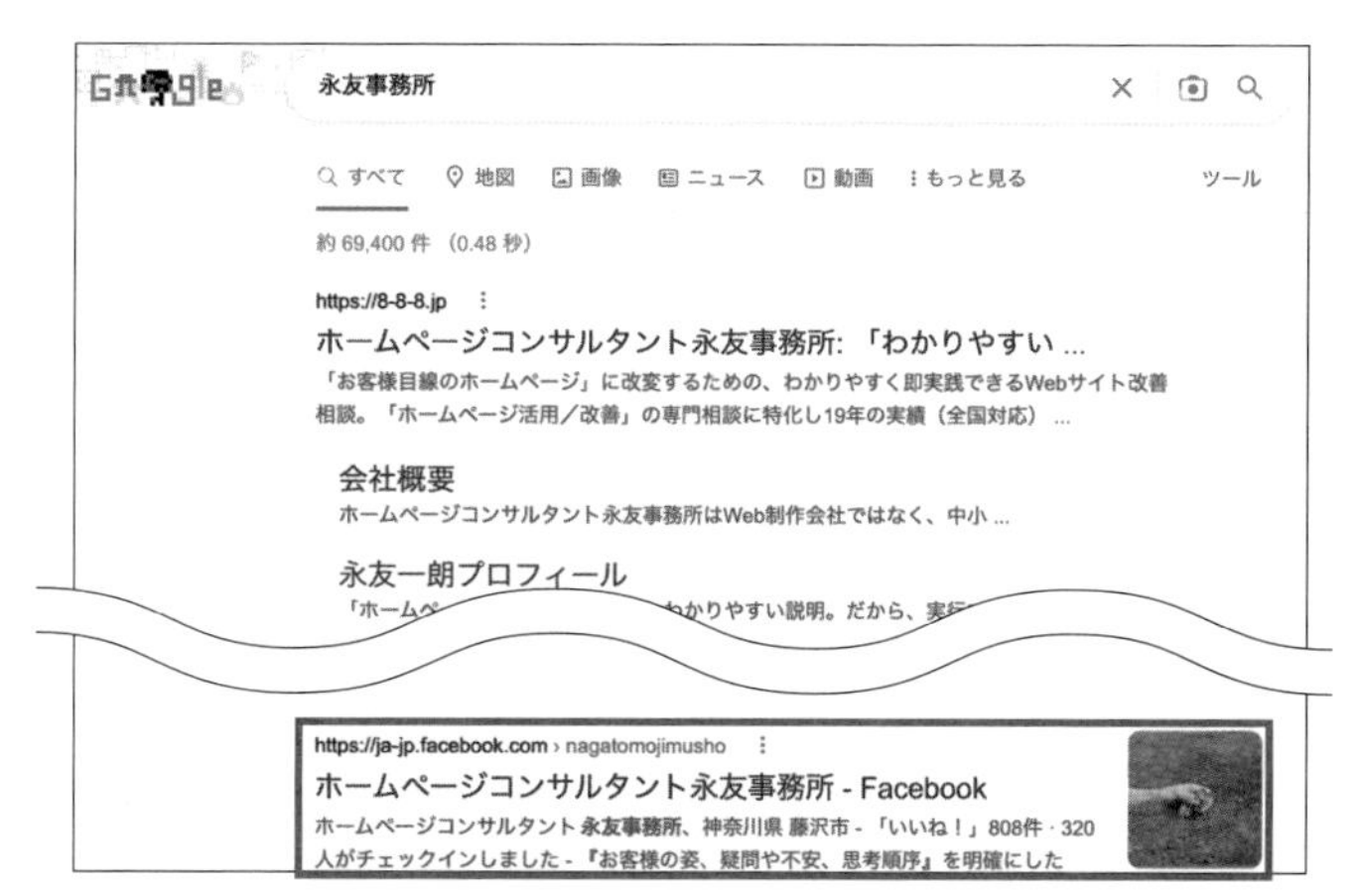

執筆時点では、「永友事務所」で検索すると公式ホームページに次いでFacebookページが表示される

閲覧制限は設定しない

なお、Facebookページには、「設定」のコーナーで「国別制限」「年齢制限」という設定があります。

「うちのお店は商品の海外発送をしていないから……」
「うちのお店、学生さんはほとんど来なくて、成人したお客様だけだから……」

などと考えて「国別制限」を「日本のユーザーだけに表示する」、「年齢制限」を「21歳以上にする」などの設定にする真面目な経営者様がいらっしゃいます。

しかし、**「国別制限」「年齢制限」をしてしまうと検索エンジンでヒットしなくなったり、閲覧できなくなったりします**ので、特段の意味がなければこの設定はせず、

◉「国別制限：ページはすべての人に表示されます」
◉「年齢制限：誰でも見ることができます」

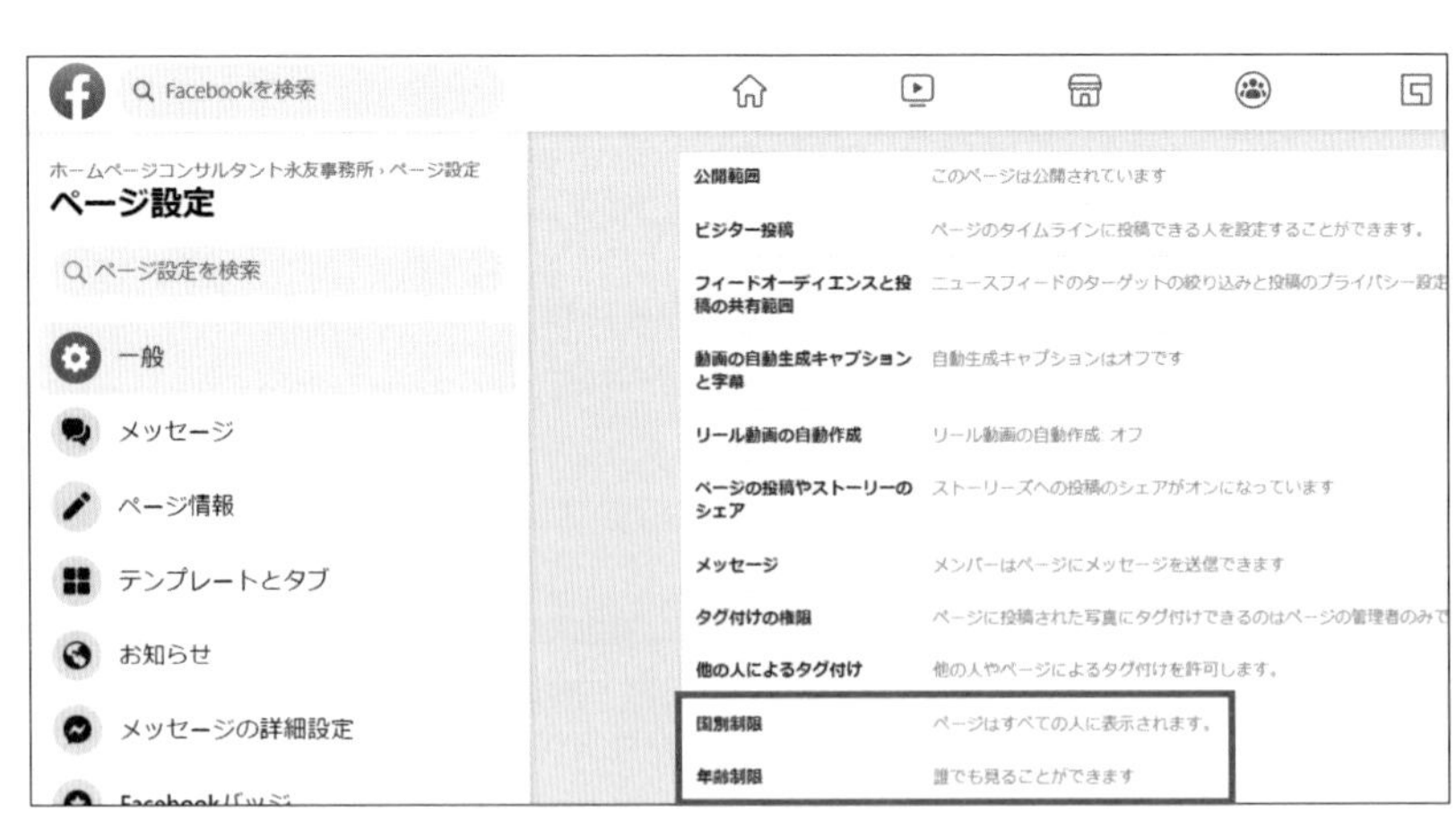

「設定」にある「国別制限」と「年齢制限」

という「初期設定のまま」にしていただければと思います。

Facebookページは、国別制限をしていなければ海外からも閲覧可能です。またFacebookページの作成数は特段の制限はありませんので、「日本語のFacebookページ」「英語のFacebookページ」「韓国語のFacebookページ」など、他言語向けにFacebookページを運用するのもよいですね。

なお、執筆時点でFacebookページは「新デザインのページ」に移行しつつあります。レイアウトや設定箇所が異なることがありますのでご了承ください。

chapter 7 のおわりに

まずは、やってみましょう

◉ Facebook はスマホ・タブレット・パソコンで使うことができます。一番使いやすいもので開始してみましょう。

※パソコンの場合は「https://www.facebook.com/」で検索して登録します。スマホ・タブレットの場合は Facebook のアプリをダウンロードして登録しましょう。

◉ Facebook の登録の基本単位は「個人」です。まず経営者様が「個人」として Facebook に登録し、その後に「オプション」として作れるのが Facebook ページです。

◉ Facebook で「友達申請」をするときは「メッセージ」を添えるのがマナーとされています。「先週●●イベントで名刺交換をさせていただいた▲▲です。今後ともよろしくお願いいたします。」のような、いつどこで縁があったのかをメッセージで付記すると承認しやすいです。

◉参考にすべき秀逸なFacebookページをご紹介します。いいね！（フォロー）して学びましょう。

【コンサルタント】「阪本啓一（Keiichi Sakamoto）オフィシャルページ」様　https://www.facebook.com/kjoywow

【コンサルタント】「地域彩生 Lab 鹿児島」様
https://www.facebook.com/chiikisaisei

【特許事務所】「将星国際特許事務所」様
https://www.facebook.com/shousei.pat

【製造業（部品制作）】「野方電機工業」様
https://www.facebook.com/nogatadenki/

【製造業（デコトラパーツ製作）】「有限会社鹿島オリヂナル」様
https://www.facebook.com/kashimaoriginal

最後の確認場所「ホームページ」の超基本

chapter 8

1 「ホームページが最初の接点」という時代は終焉

ホームページの今

私がこのような仕事に携わりはじめた約20年前は、Webと言えば「ホームページ」そのものを指していました。中小企業のWeb集客とは「ホームページを作ること」だった時代は確かにありました。

しかしその後、ブログやSNS、動画など、さまざまなWebツールが登場していて、自社に応じたツールを、戦略に応じて選定していかないと手が回らない時代になってきたわけです。

Web=ホームページだった頃は「最初に検索エンジン経由でホームページを見てもらい、そこから問い合わせを受ける」という流れでした。

今では、**ホームページの閲覧は「お客様がWebで情報収集をするときの、むしろ最後のほう」になっているように思います。**

私はセミナーで「ホームページ」のことをご説明するときは、**「最終確認場所」**と表現しています。

情報収集の「最終確認場所」

最後に確認するためにホームページにやってくる。言い換えれば**「複数候補の中での判断や、問い合わせ前の『不安と疑問』を解消する」ためにホームページを見に来る**のではないでしょうか。

お客様は、買い物をしたりサービスを受けたりするにあたり「損をしたくない」「後悔したくない」と思っています。「どのお店や会社を選べば損をしないか？」「どのお店や会社を選べばリスクが少なそうか？」は、まさにホームページを「冷やかし」で、眺めて判断するしかありません。

最終的に吟味されるホームページでこそ、お客様の不安要素を打ち消し、行動（問い合わせ、資料請求、来店など）の後押しをすることが大切ではないでしょうか。

「不安と疑問」を解消するためホームページに訪れる

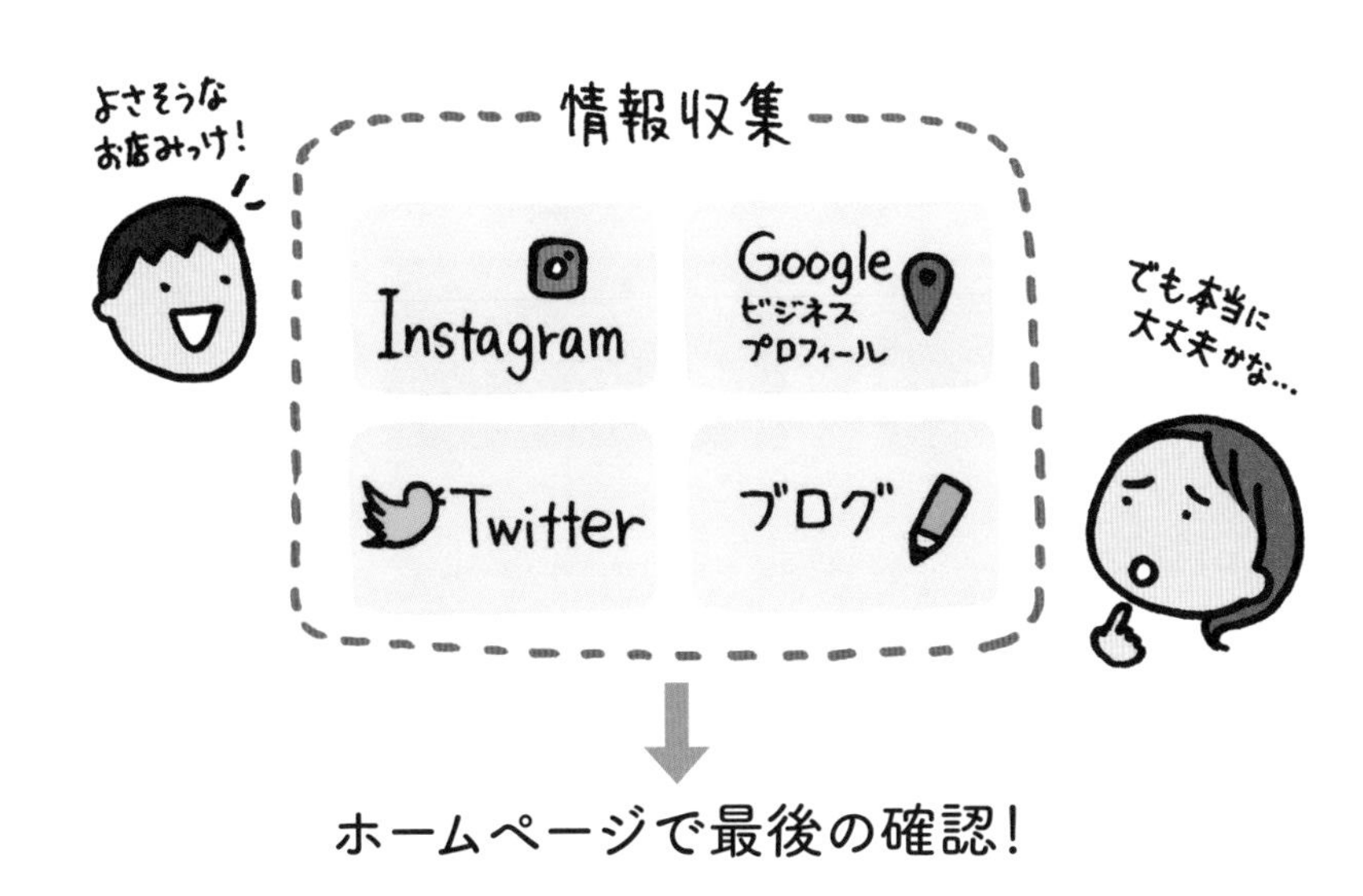

2 最終確認場所として、ホームページに求められること

貴社に引き合いを促す、代表的な「不安と疑問を解消する」ホームページ内容をご一緒に考えてまいりましょう。

①どんな人が対応するのかを示す

Webで情報を探しているお客様（ユーザー）からみれば、読者様の事業所は「はじめて見る」相手です。極端に言えば、自分のニーズを満たしてくれる相手なのかという「お見合い」をしているようなものです。

そこでは当然ながら、**「どんな人が対応するのか？」というのはとても重要な情報**になってきます。特にその人が直接対応するような、整体やエステサロン、リフォーム店などは「どんな人が対応するのか？」という情報は手厚く表現したいところです。

ここでのポイントは**「想い」を書くこと**です。「役職、趣味、

ガーデン＆エクステリアデザイン｜南大沢店・橋本店・相模原店
THE STYLE
GARDEN DESIGN
0120-042-128
9:00-20:00 年中無休(年末年始を除く)
お問い合わせ
ホーム HOME　私たちの想い CONCEPT　施工事例 WORKS　ご依頼の流れ FLOW　費用について PRICE　お客様の声 VOICE　＼おすすめ／ 来店相談予約 RESERVATION

お客様のご感想

いろんな提案があり、期待以上の仕上がりに満足です。玄関側からの風景が変わり、泥はねや土ほこりの心配も無くなり頼んでよかったです。

担当より

門扉を開けてから玄関までのアプローチを歩いて行く際にずっとお庭の部分が見えます。デザインする上で、ご家族やゲストを優しく出迎える雰囲気と、奥行き感を大事にしました。自然素材や植物の変化をお楽しみ頂ければと思います。

担当者からのコメントを添えている例
(ザ・スタイル ガーデンデザイン様)

座右の銘」などの「取って付けたような」内容ではなく、「何を思って、どんな想いで」仕事をしているのかという情報こそが、「お見合い」には大切ではないでしょうか。

東京・神奈川を中心にエクステリア工事を手掛ける「ザ・スタイル ガーデンデザイン」様は、施工事例ごとに担当者からのコメントを添えています。短い文章からも、その提案力の高さや人柄などが垣間見えるものです。

②流れや段取りを示す

横浜市の「株式会社スリーハイ」様はヒーターや温度センサーの製造・販売をされる企業様です。

「ご注文方法について」というページでは、**問い合わせから アフターフォローに至るまでの流れが丁寧に説明**されており、まさに「不安と疑問を解消する」情報提供をしています。

既存製品はネットでも注文でき、その流れもしっかりと説明されています。

なお、スリーハイ様のホームページはBtoBのホームページとして極めてわかりやすく秀逸なので、隅から隅までチェックしてみてください。

購入の流れを示している例（株式会社スリーハイ様）

3 業種別！ホームページで重視すべき内容とは？

続いて、ホームページの内容について、業種別にいくつかのおすすめをさせていただきます。

①BtoBの場合

法人間取引のビジネスの場合は、なんといっても**「会社概要」（会社案内）のページが重要**です。

これから取引をするに値するか、きちんとした会社なのかということを確認できる会社概要ページは、ＢtoＢのホームページでは一番の勝負ページとなります。

また、会社概要のページには一般的に会社名が複数回登場することから、検索エンジンで会社名を検索したときに、トップページよりも会社概要のページのほうが上位に表示されたりもします。

それゆえ、会社概要のページはアクセスも多くなります。

大きな勝負ポイント、かつアクセスも多いページですから、

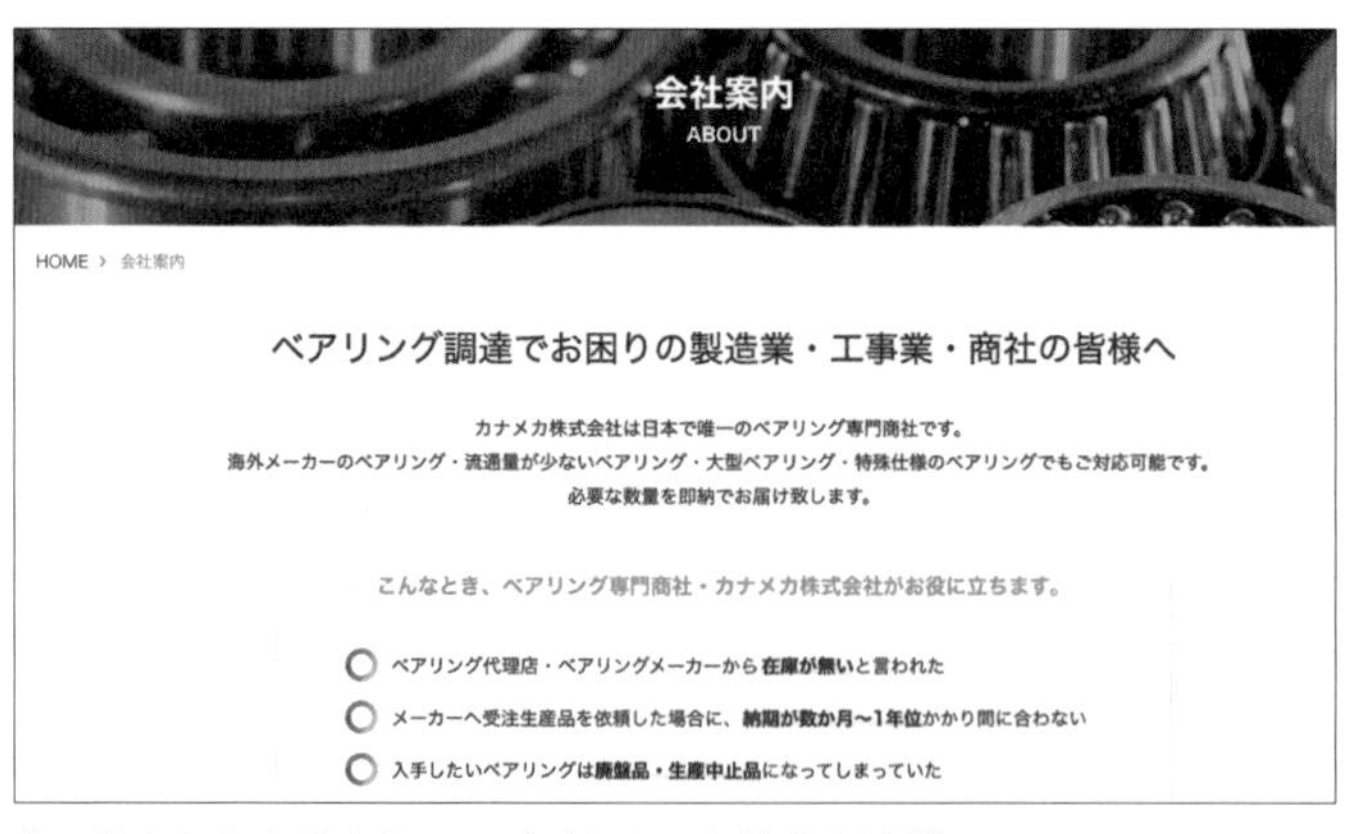

作り込まれた会社案内ページ（カナメカ株式会社様）

ＢtoＢでは会社概要ページを「しっかり作り込む」ことを意識していただければと思います。

所沢市のベアリング商社「カナメカ株式会社」様のホームページは、会社案内のページをメニュートップに据え、また内容もしっかりと作り込みをしている秀逸な事例です。

一般的に会社概要（会社案内）のページは、所在地や沿革、取引銀行などが表組でまとめてあるだけの内容が多いと思います。

しかし、繰り返しになりますが、ＢtoＢでは会社概要ページこそ勝負のページです。**自社の強み、思いなどを手厚く記載することをおすすめします**。

なお、製造業様の場合は、設備一覧や、対応できるサイズ（寸法、重さなど）の情報も重要です。

②ＢtoＣの場合

個人のお客様にモノやサービスを売るご商売では、**ホームページに「想い」を載せる**ことをおすすめしています。どんなつもりで商売しているか？　どんな経験があるからこそのサービスなのか？　そこに共感するお客様から引き合いを促すためにも、ぜひ仕事に対する想いを書いておきましょう。

横浜市で造園、エクステリア工事を営む「潮彩庭縁（しおさいていえん）」様は、仕事への想いを昔の写真入りで伝えている秀逸な事例です。

前節でも少し触れましたが、特に「自宅に職人さんを招き入れる（エクステリア工事など）」「体に触れる（整体など）」のケースでは、「この人……どんな人なの？」という不安が付きまとうことでしょう。想いを書くことは不安解消の一つにもなるのです。

この「想い」は、**単独でページを作ってもよいですし、お客様の声の返信や施工事例、会社概要などに混在させてもよいでしょう。**

③求人目的の場合

『就職白書2021』（株式会社リクルート）では学生と企業の認識ギャップと入社前不安について次のように書かれています。

（2021年卒者への調査から）「研修内容」「求める人物像」「具体的な仕事内容」「取り扱っている製品やサービス」など、企業は開示している認識でも、学生には伝わっていない実態が読みとれ、どんな企業文化の中でどんな仕事をして、どんな能力が身につき、必要なのかがわからないまま、就職活動を終え

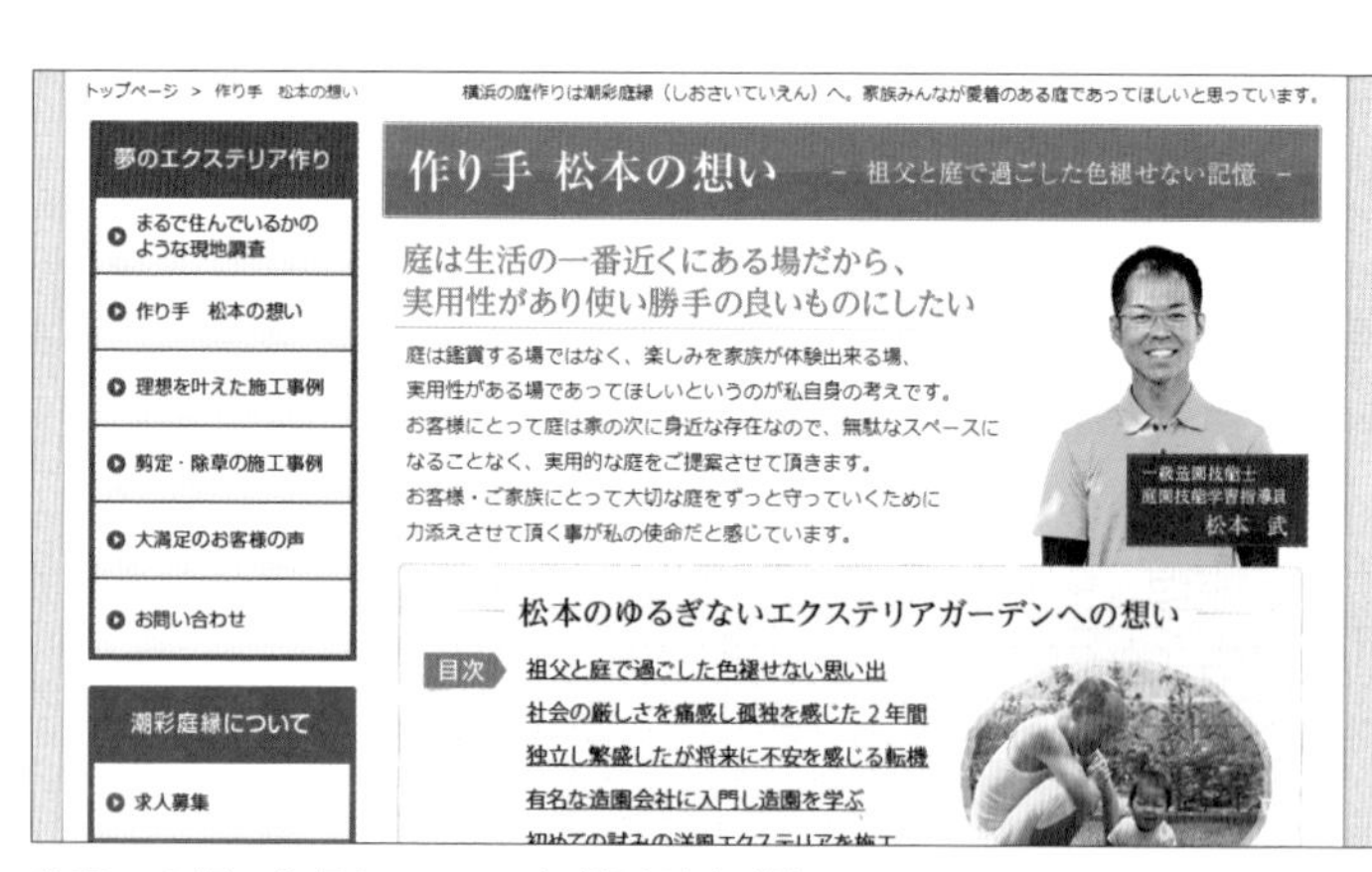

仕事への想いを伝えるページ（潮彩庭縁様）

> る学生が少なからずいるとも考えられる。
> （内定後の面談で）入社後のキャリアプランや具体的な仕事のイメージがつかめたり、入社への不安が解消できたりすることが、志望意欲につながっているようである。

企業側の姿は意図しているよりも求職者に伝わっていないが、求職者側は企業の姿やそこで活躍する自分をイメージしたい、というギャップがあることが書かれています。

このギャップを埋めるためには、**社内の様子や実際の社員の姿などをわかりやすく伝える情報が必要です。最適なのは、「社員による業務紹介ブログ」**です。

建設業許可の分野にて多くの実績を持つ行政書士事務所「オータ事務所グループ」様では「ブログ」の効用を理解され、複数のブログを運営されています。

その中でもズバリ「オータ事務所の社内の様子を伝えるブログ」では、スタッフ様がざっくばらんに執筆をしており、事実、このブログを起点として採用活動はとても順調とのことです。

なお、求人を目的とするホームページでも「お客様目線」（＝求職者目線）の観点は重要です。詳しくは第11章で解説します。

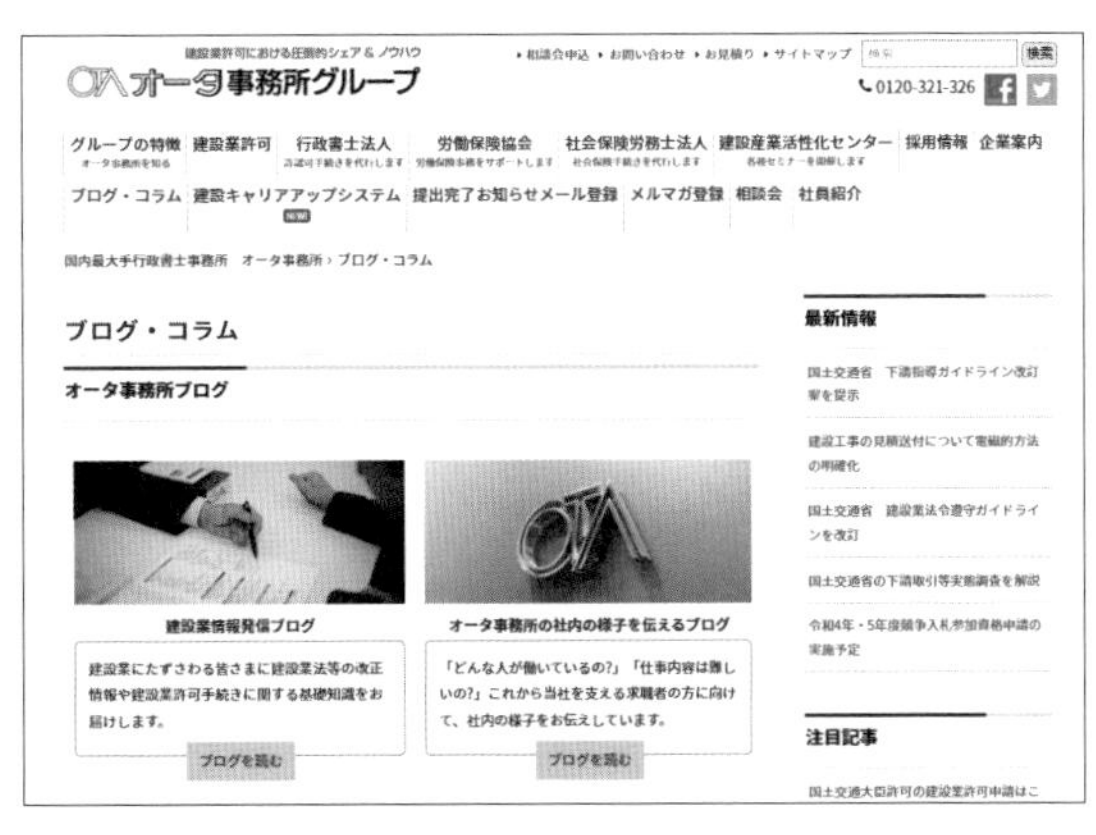

社員の手によるブログ（オータ事務所グループ様）

4 ホームページを自作する方法①Jimdo（ジンドゥー）

ホームページを自作するメリット

中小事業者様が「ホームページ」を持とうと思ったときには、大きく「自分で作る（自作する、内製する）」という方法と「制作会社さんに依頼する」という方法があります。

ホームページを自分で作るメリットは、何といっても**コストを安く抑えられること**です。もちろんこの場合の「コスト」は、直接的な金銭的なコストのことで、例えばホームページを作るスタッフ様の「人的コスト」は当然かかってきます。

ホームページを自分で作る2つ目のメリットは、編集操作の習得により、**公開後の更新作業も自分でできること**です。

ホームページの更新作業も他社に「委託」することはできますが、そのことは金銭コストとしてかかってきますので、自分でお金をかけずに更新できる（スキルが身に付く）ことは大きなメリットです。

ホームページ作成サービス、Jimdo

ホームページを自作する方法として、「ネット上のホームページ作成サービスを使う」という方法があります。

代表的なサービスにJimdo（ジンドゥー）があります。２００７年にドイツで誕生したJimdoですが、日本語版は株式会社ＫＤＤＩウェブコミュニケーションズが運営しています。

Jimdoの良さは「無料で、簡単なこと」です。ネット上のホームページ作成サービスは複数ありますが、**「はじめてホームページを自作しようとする中小事業者様」にとってはJimdoがもっともおすすめです**。

Jimdoはパソコン、スマホ、タブレットなどで作れます。ホームページアドレスを決め、デザインを選ぶと「すでにある程度出来上がった」ホームページが手に入ります。「ある程度出来上がった」ホームページにはダミーの（とりあえずの、架空の）文章が入っていますから、それを**貴社のご商売の内容に沿って「手直し」をしていく形で自社ホームページに仕上げていきます**。白紙から作るよりもはるかに簡単ですね。

もちろんホームページですから、文章をはじめ写真も動画も地図もメニュー表も入れることができます。これら文章、写真、動画、地図、メニュー表などはJimdoでは「コンテンツ」と呼ばれ、ペ

Jimdo 公式ホームページより

ージの中に挿入できます。文章は、パソコンで一般的なワードやエクセル、メールなどが使えるかたであれば難なく入力することができます。

私はJimdoでホームページを作るという講習会講師を務めることがありますが、初期登録から2〜3時間でおおよそホームページが出来上がることがほとんどです。

Jimdoは無料版でも商用利用可能です。ただし、**「独自ドメイン（後述）が使えない」「Jimdoの広告が表示される」という制約があります**。これを避けるために、独自ドメインが使え、広告を非表示にできる有償プラン（月額965円から／執筆時点）を選ぶ経営者様もいらっしゃいます。

私は「Jimdo（ジンドゥー）で作ったホームページの事例（見本）」というホームページ（https://jirei-mihon.jimdofree.com/）を運営しています。よろしければ参考にご覧ください。そのホームページ自体もJimdoで作ったものです。

商工会会員なら無料で使える「グーペ」

「商工会」という経営支援機関に入会している会員様であれば、「グーペ（全国連フリープラン）」というネット上のホームページ作成サービスを無料で利用することができます。Jimdoと同じ程度、簡単にホームページを作成できます。商工会会員様は、入会している商工会様にお尋ねください。

Jimdo で作ったホームページの事例①　八丹堂様
https://www.hattando.com/

Jimdo で作ったホームページの事例②　陶芸家 浪治明子様
https://akikonamiji.jimdofree.com/

5 ホームページを自作する方法② WordPress（ワードプレス）

WordPressで作成するときの流れ

ホームページを自作する方法としては「自社でレンタルサーバーや独自ドメインを取得、用意し、WordPress（ワードプレス）をインストールして作る」方法もあります。WordPressは、ホームページ作成システム（CMS）のひとつです。同種のシステムにおいて世界ナンバーワンシェアといわれています。

❶自社でレンタルサーバーを借りる
❷独自ドメインを取得する
❸WordPressをインストールする

という段取りに面食らってしまいそうですが、じっくり取り組んでいけば問題ないと思います。文学部出身の

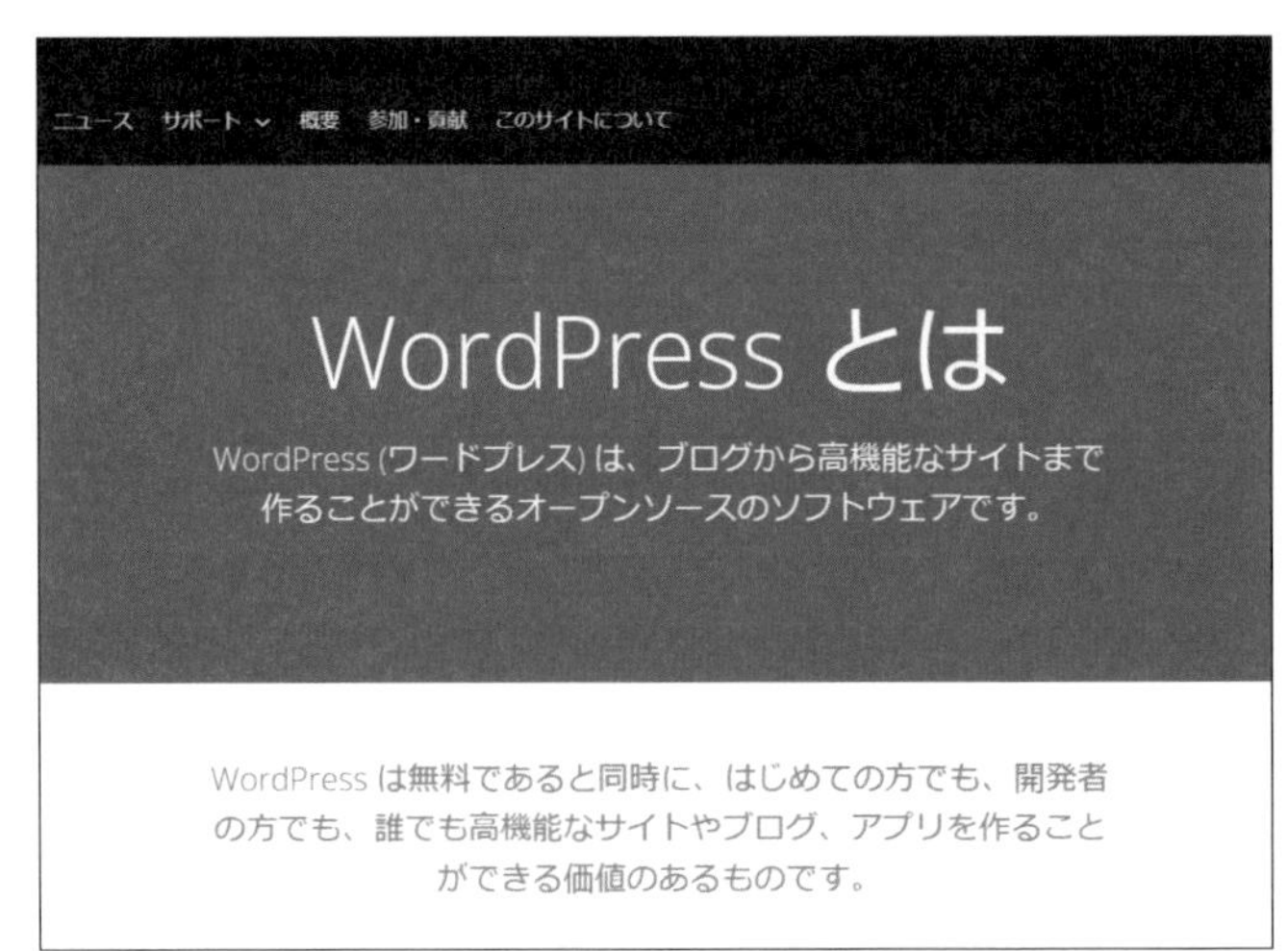

WordPress 公式ホームページより

完全文系人間の私でも、WordPressでホームページを自作できました。

ホームページの「ネット上の置き場所」が「サーバー」です。自社内でサーバーを構築するお店、小規模事業者様は多くないでしょう。一般的にはサーバーをレンタルすることが多く、年間で約1万5千円~2万円程度かかるとお考えください。

独自ドメインとは「短くわかりやすいホームページアドレス」のことです。例えばですが、本書の出版元である技術評論社様は「gihyo.jp」というドメインをお使いです。このようなドメインは年間契約等で「購入する」ことになり、年間で数千円~1万円程度かかります。

自社でレンタルサーバーを借り、独自ドメインを取得したら、あとはサーバーに**WordPressをインストールしてホームページを作っていきます。WordPressそのものは無料**です。WordPressには**「テーマ」と呼ばれるデザインテンプレート**が用意されていて、それも無償

サーバーと独自ドメインとは?

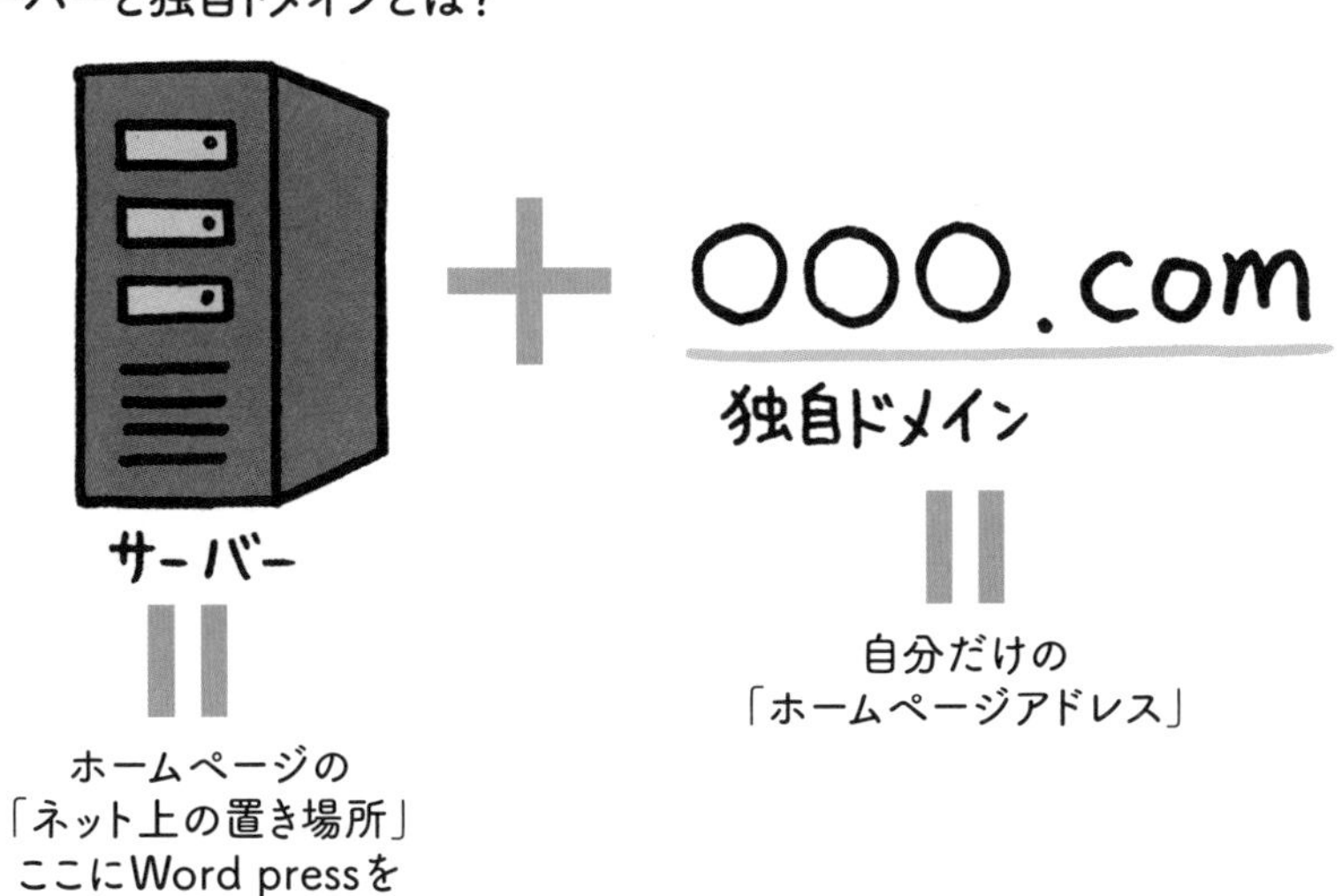

のものが多いです。WordPress自体が用意してくれている純正のテーマもあれば、民間企業が開発したオリジナリティあふれるテーマもあります。私個人的には株式会社ベクトル様の「Lightning」というテーマを使っています。WordPressの作成そのものについては専門書籍をご参考ください。

WordPressを使うメリット

WordPressでホームページを自作するメリットは、**独自ドメインが使えることと、自由度が高いこと**です。

また、ホームページ制作会社さんはWordPressでのホームページ制作に慣れていますので、仮に「途中まで自分で作ったが、やはりプロにお願いしたい」と思ったときに対応（有償ですが）してくれやすいという利点もあります。

独自ドメインを使うメリットは、「わかりやすい、伝えやすい、覚えてもらいやすいから」と言われるこ

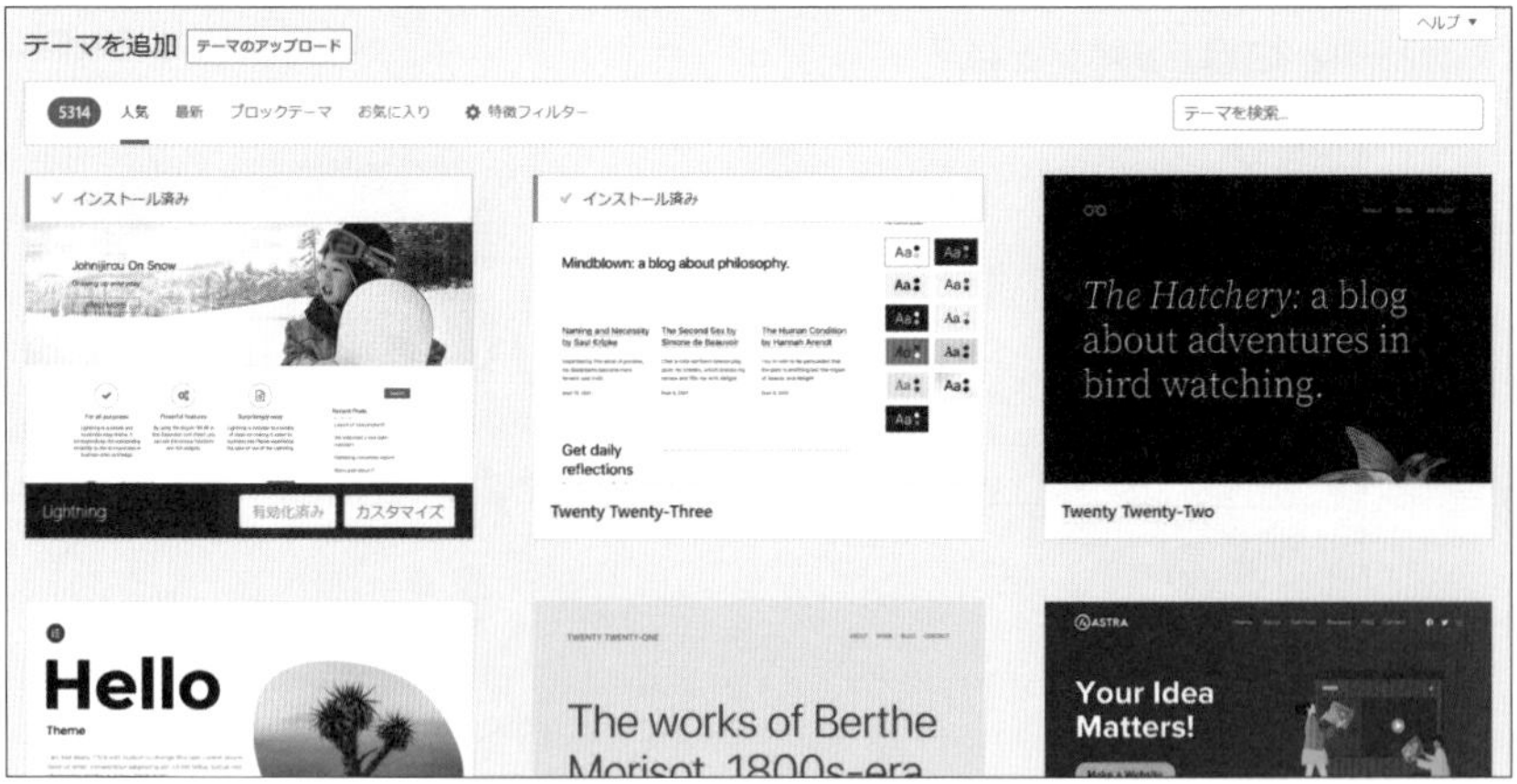

公式ホームページで提供されている「テーマ」の一例

とが多いですが、単純に「そのほうが、なんとなく格好がつくから」という理由で独自ドメインを取得する経営者様もいらっしゃいます。

前節で「Jimdo（ジンドゥー）で作ったホームページの事例（見本）」というホームページをご紹介しました。これは独自ドメインが使えないJimdo無償版で作ったホームページです。

このような場合は「jimdofree.com」というJimdoのドメインを間借りしてホームページを作っているようなイメージになります。この**「間借りしている感じ」**や**「アドレスが長くなること」「jimdoなどの、自社ではない企業の名称が入ってしまうこと」**などを**理由に、独自ドメインが使えない無償ホームページを好まない経営者様もいらっしゃいます**（Jimdo有償版では独自ドメインが使えます）。

価値観やお店の規模、コストなどを踏まえて決めればよいと思いますし、無償ホームページだからダメとか、ＰＲ効果がないということはありませんのでご安心ください。

間借りしたドメインと独自ドメイン（例）

6 ホームページを制作委託する場合の費用感、注意点

ホームページを自作するのではなく制作委託するケースを見ていきましょう。

費用感

私はホームページ制作会社さんが提出する「見積り」を、経営者様に代わって（もしくは一緒に）比較検討する仕事も多いです。そこで経営者様が面食らうことは、各社によって内容と項目名称、そしてその単価が大きく異なることです。

多くのホームページ制作会社さんは「人日（にんにち）」の観点で料金を決めますので、複雑なもの（システムを構築する必要があるなど）、ページ数が多いもの、他社との協業で作る場合（別途カメラマンを手配するなど）は相応に高くなると思っていただくとよいと思います。

一般的には安くても20〜30万円からで、内容次第で数百万円になることもあります。

予算オーバーだと感じた場合は、次のポイントを検討いただくとよいでしょう。

◎**投資として見合うかどうか？**

⬇表面上は高くても、リターンが見込めればＯＫとする

◉一部の内容やシステムは代替できないか？
⬇例えば独自にネットショップシステムを作るのではなく、ネットショップサービスをレンタルするなどを検討する
◉内製できないか？
⬇例えば写真撮影は自社で行うなどを検討する
◉今回のプロジェクトは第一弾として、段階的に育むのはどうか？
⬇せっかくだからといって壮大なものを一気に作るのではなく、今回は基本的なものを作り、今後フレキシブルに〝増改築〟をして育むということも検討する

制作会社のコミュニケーション能力を確認

制作会社やデザイン会社を選ぶ際は、できれば複数の会社に問い合わせをすることをおすすめします。

◉加入している商工団体会員の制作会社
◉知り合いの会社が委託したことのある制作会社
◉検索して見つけた、またはＳＮＳで関心を持った制作会社

「コンペ」は非現実的

予算が数十万円～２００万円以下の場合は、「コンペ」（制作会社選定会）を開催したとしても応募する制作会社さんは非常に限られる（もしくは皆無）と思います。コンペ向けの企画提案も非常に骨が折れるものであり、ましてや受注できる保証がない中で、制作会社さんとしてのリターンが少ないコンペに参加する余裕も義務もないからです。

この予算規模であれば、自社内で制作会社さんを直接選定していくという流れになるのが現実的です。

などから選定することが多いようです。もちろん、自社の商圏や業界に精通した制作会社さんのほうがよいですね。

また、フリーランスとのマッチングサイトで制作者を探すこともできますが、信頼性の担保が難しく、選択肢が多くかえって選定が難しくなったりしますので注意が必要です。

問い合わせをしたら、電話やZOOM、メール、場合により実際に面談することでしょう。その時に確認していただきたいのは**先方のコミュニケーション能力**です。次のことなどを確認していきましょう。

◎こちらの話をしっかり聞いているか？
◎投げかけや質問に対してどのような回答をするのか？
◎根拠を示して説明するか？

ホームページ制作やWeb集客は、事業者様が想像するよりも「長い取り組み」になります。この長い取り組みの中で経営者様がもっともストレスになるのが「制作会社のレスポンスが遅い」「担当者に話が伝わらない」というコミュニケーションの問題です。

はじめて接する制作会社さんのコミュニケーション能力を完璧に把握することはできませんが、**打ち合わせの雰囲気を肌で感じるということはとても重要**です。

場合によっては、その制作会社や、その代表者のSNSをチェックして「考えかた」を知っておくことも重要です。

制作会社はパートナー

長い取り組みになるWeb制作、Web集客ですから、**「業者」「外注さん」のような扱いで接するのは最悪なこと**です。制作会社の代表者や担当者も人間ですから、冷たくドライな態度、命令調のクライアントよりも、Web制作や活用についての知見に対し敬意を持って接してくれる（少なくとも対等な協業パートナーとして見てくれる）クライアントのほうに注力したくなるのは当然のことです。

Web制作会社さんや代理店さんは業者ではなく**「Webでの販路拡大、販売促進を進めるパートナー」**なのです。

この協力関係を損なうのが「値切り」です。仕様を詰めていって、写真撮影や原稿執筆など自社内でできることを工面したり、当面必要ない機能を省いて金額を抑えるのは当然です。

しかし、そのような精査をしたあとの、最終的な見積から値切るのは本当に最悪なことなので絶対に避けるべきです。仮に最終見積から値切れたとしたら、出来上がりの質は確実に低下します。

chapter 8 のおわりに

まずは、やってみましょう

◉ホームページを自作するか委託して作るかの違いはありますが、「不安と疑問に答える内容」こそ勘所だとイメージしましょう。

◉BtoBの事業者様は「会社概要」ページ、BtoCの事業者様は「事例紹介」に注力しましょう。

◉ホームページを作る際、「無料素材のモデル写真」は使わないことをおすすめします。人物写真があったほうがよいのは間違いないのですが、かといって、どこでも手に入るような「無料素材集」の人物写真を使うと「よそよそしい（嘘っぽい）」雰囲気が出てしまいます。

◉ホームページは「育むもの」です。「作って終わり」ではなく、アクセス解析データや自社を取り巻く環境を踏まえて、お客様目線にて「変化」させていきましょう。

chapter 9

検索の受け皿になる「ブログ」「YouTube」の超基本

chapter 9

1 検索結果にブログやYouTube動画がよく出てくる理由とは？

ブログやYouTubeは検索エンジンと相性がよい

下の図は、パソコンで「贈与税　配偶者控除　相続税」というキーワードで検索したときの画面です（執筆時点）。

ぱっと見の1ページに8件の検索結果が出ますが、**そのうち6件はブログ**です。

一方、次ページの図はパソコンで「確定申告　やり方」というキーワードで検索したときの画面です（執筆時点）。

ぱっと見の1ページに8件の検索結果が出ます。1〜2件目はブログが出て、3件目は国税庁のホームページが出ます。

そしてその下に**「動画」という表示があり、3件のYouTube動画が紹介**されています。

のちほど第11章でお話ししますが、Googleは「ユーザーの検索

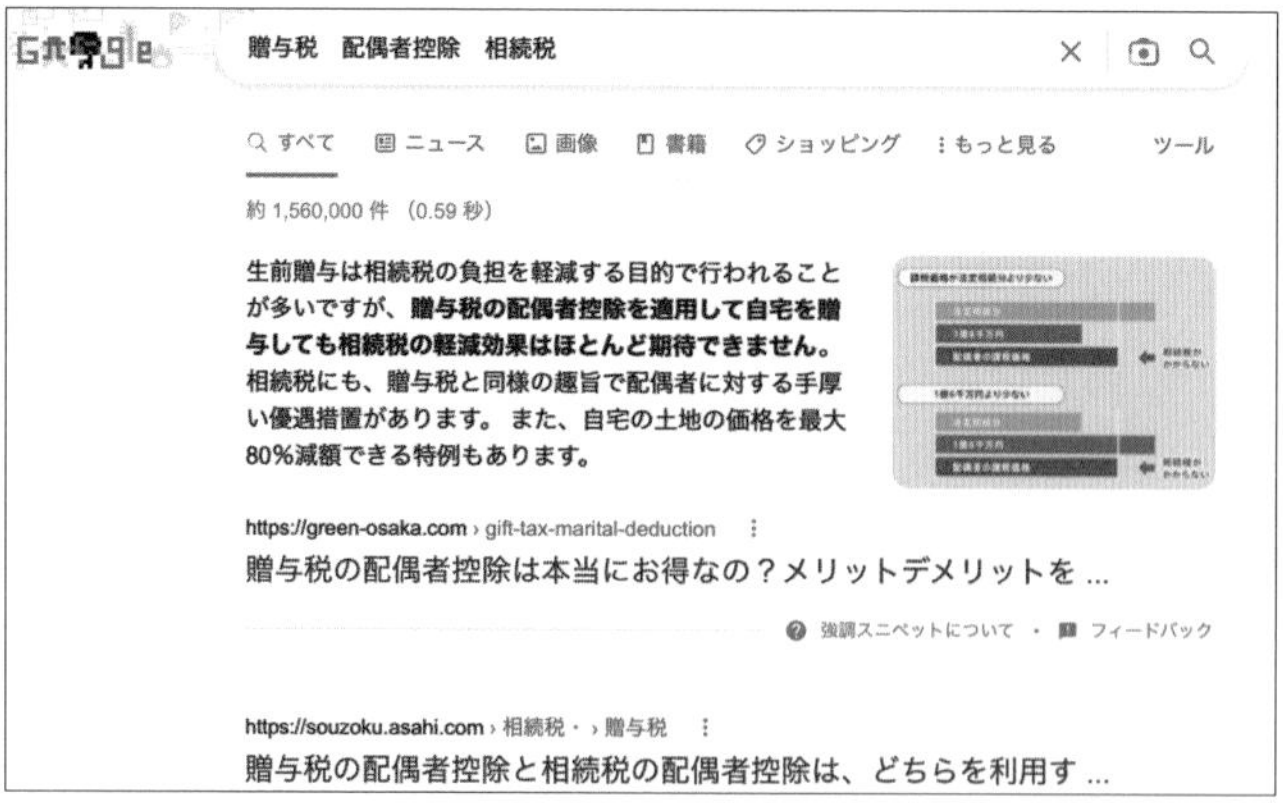

贈与税　配偶者控除　相続税

すべて　ニュース　画像　書籍　ショッピング　もっと見る　ツール

約 1,560,000 件（0.59 秒）

生前贈与は相続税の負担を軽減する目的で行われることが多いですが、**贈与税の配偶者控除を適用して自宅を贈与しても相続税の軽減効果はほとんど期待できません。**
相続税にも、贈与税と同様の趣旨で配偶者に対する手厚い優遇措置があります。 また、自宅の土地の価格を最大80%減額できる特例もあります。

https://green-osaka.com › gift-tax-marital-deduction
贈与税の配偶者控除は本当にお得なの？メリットデメリットを ...

強調スニペットについて ・ フィードバック

https://souzoku.asahi.com › 相続税・ › 贈与税
贈与税の配偶者控除と相続税の配偶者控除は、どちらを利用す ...

「贈与税　配偶者控除　相続税」の検索結果

意図に合った結果を表示する」というのを基本的指針にしています。Googleの検索結果に「ブログ」や「YouTube動画」が出てきやすいのは、まさに**「ユーザーの検索意図に合った結果」だと見なされやすい**からでしょう。単純化して言えば、「ブログやYouTube動画は、Google検索に相性がよいから出てきやすい」と言えます。

個人的な話で恐縮ですが、私はホームページに内蔵されたブログで『JimdoのSEO（検索エンジン対策）についてよくある誤解』というブログ記事を書いています。このブログ記事は「Jimdo SEO」というキーワードにて検索エンジンで上位表示されていて、その結果、Jimdoでホームページを自作する経営者様からのコンサルティング依頼が多いです。

知りたい→調べる→すぐ目に付く→読んでなるほどと思う→問い合わせをする、というお客様のニーズに直結して商売につなげるのがSEO（検索エンジン対策）という古典王道的な手法です。せっかくのWeb発信でも「目立たない、見つけられない」と問い合わせにはつながりません。ぜひ読者の皆様もブログやYouTubeで「お客様の目に触れやすい位置」を獲得していただきたいと願っています。

確定申告 やり方

https://www.e-tax.nta.go.jp › kojin
個人でご利用の方 | 【e-Tax】国税電子申告・納税システム ...
所得税・消費税・贈与税の確定申告を行う場合は、国税庁ホームページの確定申告書等作成コーナーをご利用ください。画面の案内に従って入力することにより、...

動画

自宅からe-Taxを始めよう（令和４年１月版）
YouTube · 国税庁動画チャンネル
2022/01/11

【2021年最新版】確定申告のやり方をわかりやすく解説！
YouTube · freee（フリー）【公式】
2021/01/07

「確定申告　やり方」の検索結果

2 ブログは情報資産〜ネット上に「蓄積」される経営効果

よく検索されるご商売、サービス業、BtoBに好相性

検索エンジンと相性がよいブログやYouTube動画ですが、まずは取り組む企業様が多い「ブログ」について考えていきましょう。

ブログの活用におすすめなのはサービス業様やBtoBのご商売です。その理由は、サービス業様やBtoBのご商売は**「よく検索されるご商売」**だからです。よく検索されるわけですから、検索されたときに出てきやすい「ブログ」が有効に働いてくれるということになります。ぜひ取り組んでいただきたいと思います。

ブログ記事は長く効果を発揮してくれる

ブログは、「書けば書くほどネットに蓄積される」ものです。ブログの一つ一つの内容物を「ブログ記事」と言いますが、ブログ記事は削除しない限り、理屈の上では「永久に」ネット上に蓄積されていきます。先ほど例に挙げた『Jimdo のSEO（検索エンジン対策）についてよくある誤解』というブログ記事もそうですね（次ページの図）。「長く効果を生んでくれる」「ずっと働き続けてくれる」のがブログの良さだと思います。

私は「コンサルタント業」で、つまりBtoBの仕事をしています。それゆえ、ブログというツールが有用であると信じているので、ブログ活用を最優先に考えています。

独立して仕事を開始する半年前、2008年9月9日にはじめてブログを書きました。今ではテーマや目的に応じて複数のブログを持っていて、合計すると5000記事前後は書いているかと思います。

私はメインの公式ブログ（わかりやすいホームページ相談永友一朗公式ブログ）が1000記事に到達したときに、アクセス解析ツールのデータをもとに「執筆時間と閲覧時間の関係」を計算したことがあります。

◎閲覧数合計…283,888回
◎平均執筆時間…20分
◎平均閲覧時間…42秒

細かい計算は省きますが、

「わかりやすい」ホームページコンサルタント
永友事務所
初めてのかたへ　ご相談事例　コンサルティング　講演／セミナー　プロフィール　ご利用例　お問い合わせ

ご相談事例

HOME / ご相談事例 / Jimdoホームページコンサルティング / JimdoのSEO（検索エンジン対策）についてよくある誤解

2021年3月7日　永友一朗　Jimdoホームページコンサルティング

JimdoのSEO（検索エンジン対策）についてよくある誤解

神奈川県内の、とある商社様からホームページコンサルティングの相談をいただきました。

弊社はJimdo（ジンドゥー）でホームページを作っています。競合他社が多い激戦の業界です。頑張ってホームページを作ったつもりですが、意中のキーワードでなかなか上位に表示さ

▲代表：永友一朗（わかりやすいホーム

著者のブログ記事　https://8-8-8.jp/archives/1063

◉執筆時間…20分×１０００記事＝20,000分≒３３３時間≒14日間
◉閲覧時間…42秒×283,888回＝11,923,296秒≒3,312時間≒１３８日間

つまり、**まるまる14日間の記事執筆時間で、まるまる１３８日間のプレゼンテーション機会を創出できたという計算になります。**費やした時間の10倍のＰＲタイムを得ることができた、ということで、例えて言えば、一度電話がかかってきて一人に対して説明するのと、会議室でのべ10人に対して説明するような違いがありますます。**「長い目で考えると伝達効率がよい」のがブログの良さ**なのです。

ブログの作成方法２パターン

では「ブログを手に入れたい！　ブログを書くぞ！」と思ったとき、どのように「ブログ」を開設していくのでしょうか。方法は大きく分けて２つあります。

❶無料のブログを借りる

○メリット

・費用が掛からない

・思い立ったらその日から、簡単にブログをはじめることができる

×デメリット

・他社広告が挿入されることがほとんど
・そのブログサービス自体がサービス終了した場合、ブログがなくなってしまうリスクがある

❷ WordPress等CMSの「投稿」機能（＝ホームページ内蔵ブログ）を使う

○メリット
・広告が入らない
・ホームページ全体のボリュームが増える（ブログがホームページ自体の充実度アップに寄与する）
・所定のサーバー料金などを払えばブログがなくなるというリスクがない

×デメリット
・WordPress等CMSや独自ドメイン、レンタルサーバーを準備する必要がある
・独自ドメイン、レンタルサーバー代はランニングコストがかかる

「どちらがおすすめですか？」と問われれば、②WordPress等CMSの「投稿」機能（＝ホームページ内蔵ブログ）を使うというほうをおすすめします。デメリットを上回るメリットがあるからです。WordPressについては第8章でご説明した通りです。

一方で、Web集客についてはじめて取り組む中小企業様にとって、いきなりWordPressを用意するということが容易ではないということも承知しています。

ですのでセミナーなどで「無料ブログとWordPressの（ホームページ内蔵型）ブログは、どちらがおすすめですか？」とお尋ねいただいた場合は、**「WordPressの（ホームページ内蔵型）ブログをおすすめしま**

すが、WordPressの準備が難しく感じたり、取り急ぎ〝様子を見る〟ためにブログをはじめてみたいという場合は、無料ブログでまずやってみるということも問題ありません」と申し上げています。

無料ブログの選びかた

では「無料ブログ」は、どのように選べばよいのでしょうか？

「AブログサービスよりBブログサービスのほうが検索エンジン対策（SEO）として有効なのでしょうか？」

「一番検索エンジン対策（SEO）に強い無料ブログサービスはどれですか？」

などとご質問をいただくことがありますが、**「いずれも検索エンジン対策（SEO）の基本を押さえれば大きく変わりませんので、ご自身の都合で選んでまったく問題ないですよ」**とお答えしています。

主な無料ブログサービス

シーサーブログ	Seesaa BLOG	商用利用可。シンプルなブログ。デザインのカスタマイズも柔軟にできる
ノート（note）	note	商用利用可。極めてシンプルなブログ。デザインのカスタマイズはほとんどできないが、他社広告が表示されないというのが最大のポイント
ライブドアブログ	livedoor Blog	商用利用可。投稿画面はやや複雑
アメーバブログ（アメブロ）	Ameba	商用利用可。美容やサロン系のお店によく使われているので、それらの業種の場合は操作などについて仲間に聞ける（質問できる）というメリットもある

どんなブログを使っても、狙ったキーワードで検索の上位表示を叶えることは不可能なわけではありません。

なお、ここに挙げた4つの無料ブログサービスは**「よく使われていて、かつ、商用利用可である」**ものです。いずれもスマホアプリがありますので、パソコンからだけでなくスマホからもブログ投稿ができますので便利ですね。

強いて言えば、シンプルな使いやすさを求めるかたは「note」、美容やサロン系のかたは「アメブロ」がおすすめです。私自身は、ブログをはじめようと思ったときに職場の同僚がシーサーブログを使っていたという理由でシーサーブログを使っています。シーサーブログもシンプルでおすすめです。

chapter 9

3 ブログにはどんなことを書けばいい？

いざブログをはじめたけれど、「ブログに何を書いたらいいかわからない」というのは、セミナーやコンサルティングでよく伺うご意見です。

商売でブログを書くわけですから、「政治／宗教的な強い主義主張」「お客様や他社の批判」「愚痴、ぼやき」などは不適切です。逆に、**それ以外であれば何でもよいのではないでしょうか。目的は「検索エンジンで探し物をするユーザーに読んでもらい、ひいては、そこから問い合わせや来店、資料請求につなげること」です。**

例えば、次のような「ブログネタ」はいかがでしょうか。

■**定番ネタ系**

- 新商品、新メニュー、入荷情報を告知する
- イベントや展示会出展、セール情報などを告知する

■**ハウツーネタ系**

- 「～とは？」など、用語を説明する
- 「～の仕方（方法、手順）」を解説する

- 「〜の選び方」を解説する
- 「〜するときのコツ」を解説する
- 「〜の見本（事例）」を説明する
- 「ビフォァアフター」を説明する

■**汎用ネタ系**

- お店の「利用例（エピソード）」を説明する
- お客様の声（感想）を書く
- 地域のこと（お祭、開花情報など）を書く
- 〜を作ってみた（やってみた）を書く

商売ですから「定番ネタ系」の話題が多くなるのは当然です。特に小売店様はその傾向が強いことでしょう。

ブログを開始して慣れるまでは「定番ネタ系」を書いていくのはいかがでしょうか。だんだんとブログ執筆に慣れてきたら「ハウツーネタ系」にチェレンジすることをおすすめします。「検索エンジンからのアクセスを見込んでブログを書く」わけですから、**「検索されるような事柄」つまり「ハウツー的話題」をブログで書いたほうがアクセスは多くなりそう**なことはおわかりいただけることと思います。

たびたび話題に挙げて恐縮ですが、先ほどの『Jimdo のSEO（検索エンジン対策）についてよくある誤解』というブログ記事も、結果論ですが「ハウツー的話題」だったのでアクセスが多いわけです。

ブログの体裁　おすすめポイント

ブログは書けば書くほどネットにたまっていき、長く効果を発揮してくれる素晴らしいツールです。ですので、特にサービス業様やBtoBのご商売など「よく検索されるご商売」のかたには、できるだけ早く取り組んでいただきたいと思います。

このブログですが、書きかたに決まりはなく、工夫のしかたも人それぞれです。ここでは、私がおすすめする体裁についてご提案します。

❶ブログのカテゴリは細分化しよう

ブログ記事を格納する場所を「カテゴリ」と言います。無料ブログサービスであれWordPressであれ、「カテゴリ」というものはたいていのブログに存在します。カテゴリという入れ物に、ブログ記事を入れていくイメージです。このカテゴリは通常、ブログ運営の途中で追加、削除もできます。

カテゴリは「どんな内容の記事が入っているか？」を示すものであり、ブログを見たユーザーも、「あっ！こんなカテゴリもあるのか。いま自分は●●に困っているから、●●の解消法というカテゴリに入っている記事も読んでみよう」などと思うかもしれません。

つまり、**カテゴリを個別具体的なものにする（細分化する）のは、ユーザーのメリット（知りたい情報にすぐ到達できること）につながります。**

同時に、**「カテゴリ名称自体が、検索エンジンでよくヒットする」という傾向がある**ようにも思います。

下の図は、パソコンで「女性創業セミナー講師」で検索した時の画面です（執筆時点）。

『女性創業セミナー講師―Webコンサルティングの現場から』というのが5番目に出てきますが、これは私のブログの「女性創業セミナー講師」というカテゴリそのもののページです。

　このように、ブログのカテゴリを個別具体的なものにするほうがユーザーのメリットにつながり、かつ、検索エンジンでもよくヒットするということを考えれば、

◉日記
◉ブログ
◉思ったこと
◉未分類

などの、漠然としたネーミングのカテゴリ名称にすることは非常にもったいないです。

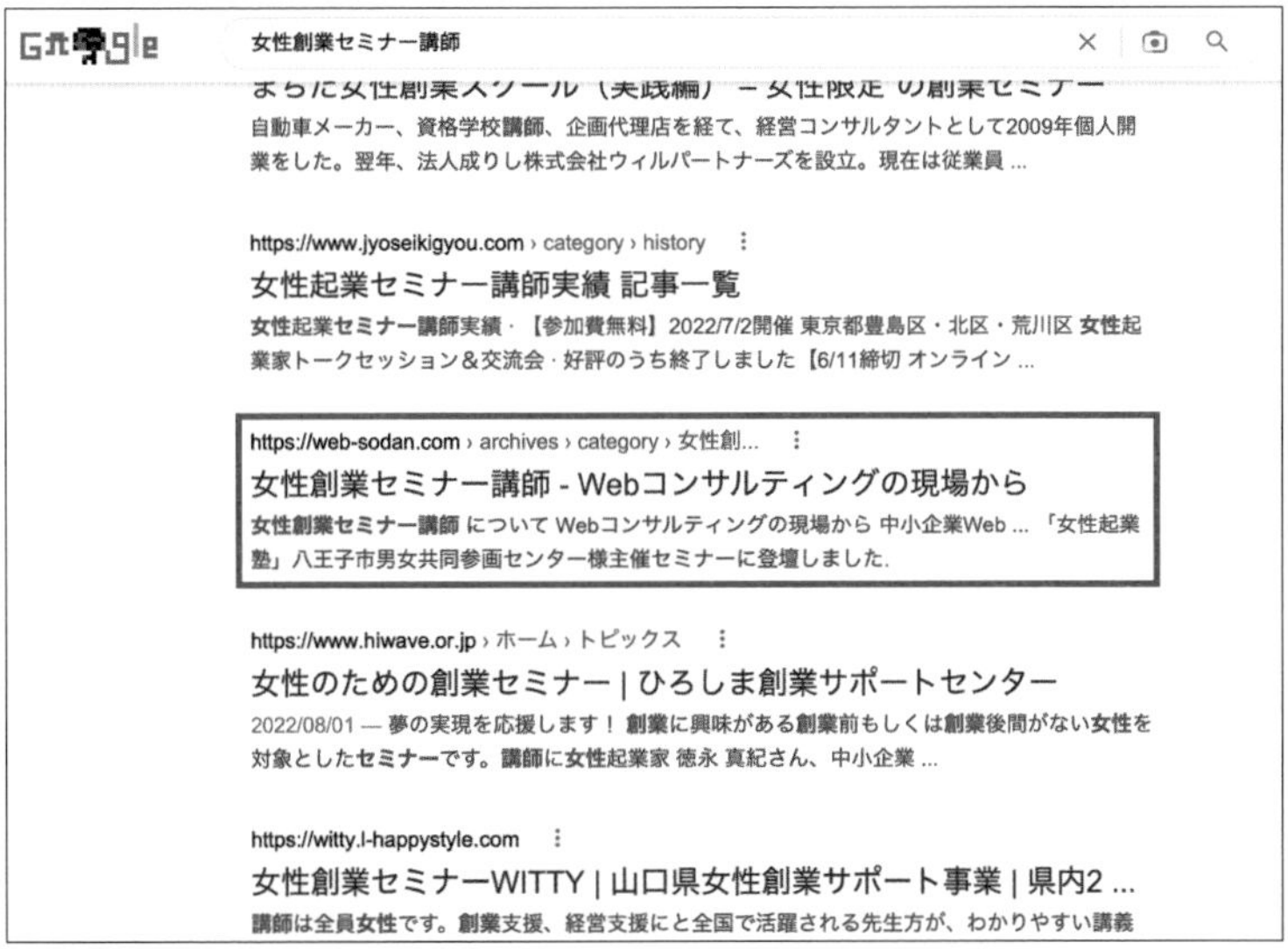

Google　女性創業セミナー講師

自動車メーカー、資格学校講師、企画代理店を経て、経営コンサルタントとして2009年個人開業をした。翌年、法人成りし株式会社ウィルパートナーズを設立。現在は従業員 ...

https://www.jyoseikigyou.com › category › history
女性起業セミナー講師実績 記事一覧
女性起業セミナー講師実績 · 【参加費無料】2022/7/2開催 東京都豊島区・北区・荒川区 女性起業家トークセッション＆交流会 · 好評のうち終了しました【6/11締切 オンライン ...

https://web-sodan.com › archives › category › 女性創...
女性創業セミナー講師 - Webコンサルティングの現場から
女性創業セミナー講師 について Webコンサルティングの現場から 中小企業Web ... 「女性起業塾」八王子市男女共同参画センター様主催セミナーに登壇しました.

https://www.hiwave.or.jp › ホーム › トピックス
女性のための創業セミナー | ひろしま創業サポートセンター
2022/08/01 — 夢の実現を応援します！ 創業に興味がある創業前もしくは創業後間がない女性を対象としたセミナーです。講師に女性起業家 徳永 真紀さん、中小企業 ...

https://witty.l-happystyle.com
女性創業セミナーWITTY | 山口県女性創業サポート事業 | 県内2 ...
講師は全員女性です。創業支援、経営支援にと全国で活躍される先生方が、わかりやすい講義

「女性創業セミナー講師」の検索結果

一般的なブログでは、初期設定後には「未分類」とか「日記」などの、漠然としたネーミングのカテゴリが設定されています。これをそのまま使うのではなく、個別具体的なものに変更するか、個別具体的なネーミングのカテゴリを新規に追加しましょう。

❷ブログ記事冒頭で自己紹介しよう

繰り返しになりますが、ブログは「検索したときに検索結果に出てきやすい」ものであり、つまり検索エンジンからのアクセスを見込んで運営するものです。

アクセス解析で調べていただくとわかりますが、多くの場合、ブログの大部分は検索エンジン経由のアクセスになります。つまり、**実態としてブログを見に来たかたは、ほとんど「検索をきっかけに、たまたま見に来ました」という〝新規客〟**なのです。

この、「どの街のどんな会社のブログか知らないで来た人」に対しては、**早い段階で「自己紹介」をするのが自然**ではないでしょうか。

そしてできれば、ブログ記事冒頭の自己紹介では

記事冒頭で自己紹介（革のクリニック様）

「こんにちは。●●●をやっています××市の△△△（屋号）です」のようにし、●●●の部分は記事内容ごとに変えることをおすすめしています。

右下の図は、神奈川県藤沢市で革製品の修理業をなさっている「革のクリニック」様のブログです。

ブログ記事冒頭で『こんにちは　神奈川県藤沢市でお財布の修理をしている「革のクリニック」です。』と自己紹介しており、パソコンで「藤沢　財布　修理」で検索するとこのブログ記事が上位に出てきます（執筆時点）。なお、革のクリニック様は新規のお客様のほとんどはこのブログを見てから来店するそうです。新規のお客様をどんどん連れてくる、経営効果の高いブログと言えますね。

代表の仲本様は、地元の藤沢商工会議所様でセミナー講師をさせていただいた際に受講いただき、その日の夜からブログをはじめたというかたです。一番前の席で真剣にご受講いただいていた様子を今でも覚えています。

ここでのポイントは、**自己紹介を次のように、具体的に書いていること**です。

× こんにちは。革のクリニックです。

○ こんにちは　神奈川県藤沢市でお財布の修理をしている「革のクリニック」です。

そもそもですが、革のクリニック様をすでに知っている人は「革のクリニック」という店名で検索することでしょう。

一方、「藤沢　財布　修理」で検索しているということは、まだ革のクリニック様を知らない人かと思います。

このとき、後者のように自己紹介をしてあれば、

「ズバリ、期待していたお店があるではないか！！」

という印象になることでしょう。他店のホームページやブログを比較検討する余地はかなり減らせるのではないかと思います。

❸ブログ記事文末で具体的な行動を呼びかけよう

ブログの「文末」も重要です。

ブログ記事を読み進めて目線が最後まで来ているのは「熱心な読者」のはずです。この「熱心な読者」に貴社の強み、良さを再度伝えるためにも、**「当社の特徴、連絡先」などを伝えて、「来店」や「資料請求」などの具体的な行動に結び付けましょう。**

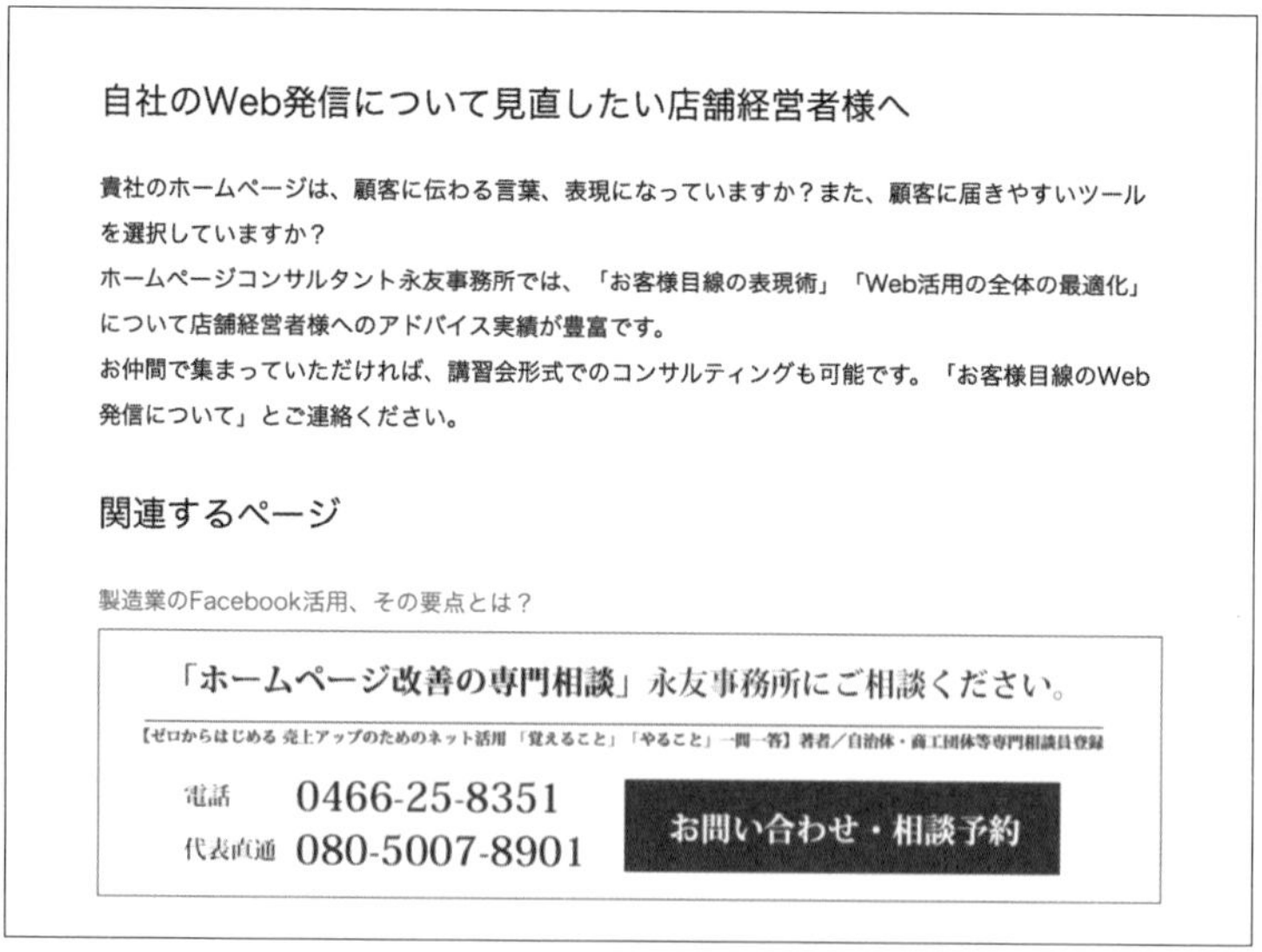

自社のWeb発信について見直したい店舗経営者様へ

貴社のホームページは、顧客に伝わる言葉、表現になっていますか？また、顧客に届きやすいツールを選択していますか？

ホームページコンサルタント永友事務所では、「お客様目線の表現術」「Web活用の全体の最適化」について店舗経営者様へのアドバイス実績が豊富です。

お仲間で集まっていただければ、講習会形式でのコンサルティングも可能です。「お客様目線のWeb発信について」とご連絡ください。

関連するページ

製造業のFacebook活用、その要点とは？

「ホームページ改善の専門相談」永友事務所にご相談ください。

【ゼロからはじめる 売上アップのためのネット活用 「覚えること」「やること」一問一答】著者／自治体・商工団体等専門相談員登録

電話　0466-25-8351
代表直通　080-5007-8901

お問い合わせ・相談予約

ブログ記事文末に、行動を促す「問い合わせボタン」を設置

右下の図は、僭越ながら私のホームページ内ブログです。

コンサルティングのご相談事例をブログ形式で発信していますが、その文末にて「自社のWeb発信について見直したい店舗経営者様へ」などと記載し、僭越ながら永友事務所の特徴をコンパクトに記載、また最下部では大き目の「問い合わせボタン」を設置しています。

これは問い合わせフォームに行けるボタンですが、他にも、「無料体験レッスン」「資料のご請求」など、より具体的な行動への誘(いざな)いでもよいでしょう。また、自社で運営するSNSのアドレスを列記してもよいですね。

くれぐれもブログ記事の本文を書いて唐突に終わるのではなく、なんらかの「行動」をしてもらうように仕掛けていきましょう。

chapter 9

4 雰囲気や手順、コツを動画で発信！YouTube活用

ブログとYouTube、どっちを選ぶ？

本章の冒頭の通り、サービス業様やBtoBのご商売など「よく検索されるご商売」では、その検索エンジンからのアクセスの受け皿となる「ブログ」か「YouTube動画」に必ず取り組んでいただきたいと思います。

では、ブログかYouTube動画は、どちらがよいのでしょうか？ まさにそれは、**「無理なく取り組めそうなほう」「楽しく続けられそうなほう」を選べばよい**のです。

これまでたくさんの経営者様とお話をさせていただいていますが、概ね次のような「動機」にて、ブログかYouTube動画を選んでいらっしゃるようです。

■ブログを選ぶかたの動機

- 動画で顔を出すのは恥ずかしい……
- いつでも、どこでも（例：電車内で）スマホで文章が書けるから……

■YouTube動画を選ぶかたの動機

- 長く文章を書くのは苦手、でも「話す」のは嫌いではない……
- 個人的にYouTubeをよく見ているから……

なお、私自身は「動画で顔を出すのは恥ずかしい」のと、「文章を書くのは嫌いではない」、「個人的に、情報収集をするときには動画を見るのではなくブログを読む習慣がある」ことから、YouTube動画ではなくブログを重視しています。ただし、繰り返しになりますがそのような判断は「人それぞれ」ですので、「無理なく取り組めそうなほう」「楽しく続けられそうなほう」を選べばよいわけです。

「関連動画」で閲覧が増えるYouTube

YouTubeをご覧になったことがあるかたはおわかりの通り、動画の終了後、あるいはYouTube画面の周辺にて「いま見た（見ている）動画に関連するような動画」が提案されます。

これを「関連動画」と言いますが、**貴社のYouTube動画がこの「関連動画」になった場合は、他の動画の「ついでに」閲覧される可能性があります。**

これはブログにはない、YouTubeの強みです。ブログの場合、記事を書いて、それが検索エンジンからアクセスがあるのを待つような運用になりますが、YouTubeは「関連動画」で自社動画が表示されることがあるので、より幅広く閲覧される可能性があるのです。

下の図は、私のとあるYouTube動画の閲覧経路のグラフです。YouTube内の検索などに続いて、関連動画として視聴された割合が13・6％あることがわかります。

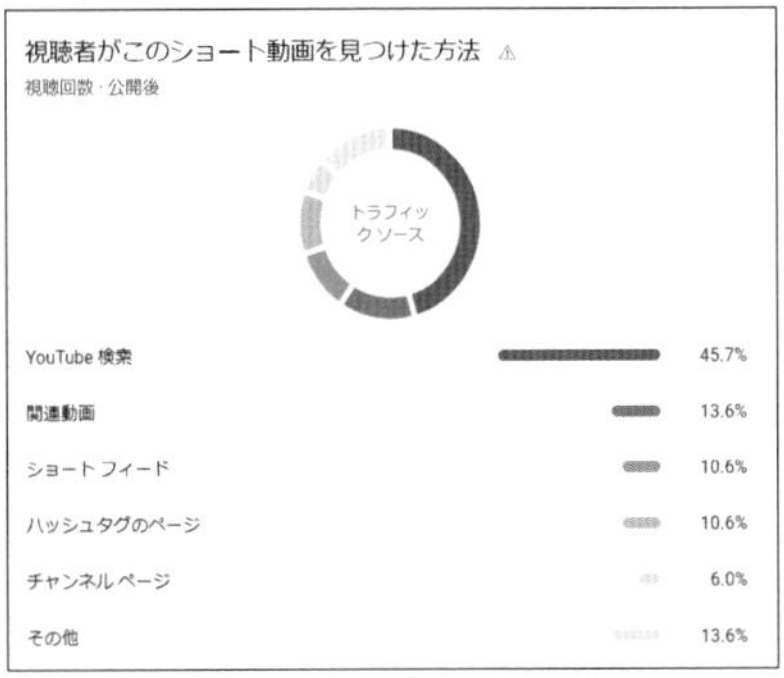

YouTube動画の閲覧経路のグラフ

5 頑張る必要なし！動画制作のヒント

スマホがあればYouTube動画は撮れる

動画を撮るには「スマホ」があればじゅうぶんです。プロ用カメラや照明、高性能マイクなども不要です。なお、すでに「一眼レフデジタルカメラ」をお持ちのかたは、それで動画も撮影できるはずです。特に「お一人で行うとき」の、**動画を撮影するコツ**は次の通りです。

◎スマホの固定として三脚を使う（簡易的な三脚なら数百円で購入できます）
◎手持ち撮影の際は、過度にパン（カメラを振ってぐるっと撮影すること）やズーム撮影をしない
◎「撮り直しは当然」と思って、躊躇せず何度も撮影する。また、編集で何とでもなるので、言葉の詰まりや言い間違い、妙な間なども一切気にしない
◎ユーチューバーになるわけではないので、派手な演出や突飛な演出は不要。面白おかしいダンスも不要

撮りっぱなしでもOK

YouTube動画は、「撮りっぱなし」の動画でも成立します。頑張って動画を編集する必要はありませんし、

また、編集しないことは恥ずかしいことではありませんので、ご安心ください。

一方で、「言葉の詰まりや言い間違い、妙な間などが気になる……」「タイトルの画像を付けてみたい……」など、編集したくなるお気持ちも自然なことです。動画編集については、数年前まではパソコンに高価なソフトをインストールしないとできませんでした。いまでは「無料アプリ」を使って「パソコンなしで、スマホで」編集できる時代になりました。ありがたいことですね。

個人的にいくつかの動画編集アプリを使ってみましたが、一番簡単でわかりやすかったのは「VLLO（ブロ）」というアプリです。Android版、iPhone版ともに提供されています。

なお、動画と言っても「静止画（写真）をつなげたもの」も立派な動画になります。気軽に動画を作ってみましょう。

「サムネイル」はCanvaで作ればかんたん

特にYouTube動画では「サムネイル」が重要と言われます。サムネイルとは、わかりやすく言えば「タイトル画像」です。視聴者は、その「サムネイル」を見て、動画の内容（何を知ることができるか）や雰囲気などを判断します。ですから、無地背景に文字だけのサムネイルではなく、**読者様の事業所の雰囲気や特徴などが伝わりやすい表現**にしたいですね。

サムネイルを作るツールとしては、「Canva（キャンバ）」（https://www.canva.com/）という無料のデザインツールをおすすめします。Canvaには**YouTubeのサムネイルに適した雛型**が備わっており、無料でスピーディーにサムネイルを作ることができます。

chapter 9 のおわりに

まずは、やってみましょう

- ブログはスマホ・タブレット・パソコンで行うことができます。一番使いやすいもので開始してみましょう。

- 参考にすべき秀逸なブログをご紹介します。検索して読んで、学んでみましょう。
  【小売店】「清水屋化粧品店」様
  https://blog.goo.ne.jp/432-ya
  【サービス業】「英語道（トラスト英語学院のブログ）」様
  https://blog.goo.ne.jp/eigodo
  【サービス業】「革のクリニック」様
  https://kawaclinic.seesaa.net/
  【サービス業】「任意売却の住宅ローン緊急相談室」様
  https://www.e-lifestage.info/archives/category/consulsugi

単なる「レジ」に過ぎない「ネットショップ」の超基本

1 ネットショップを作れば売れる？

Web活用＝ネット販売ではない

「ネット活用」という言葉を聞くと「ネット販売をすること」だと思うかたもいらっしゃいます。また、「Webで販路拡大！」という言葉も、いかにも「Webで販売していく」ことだと思われがちです。

私はセミナーやコンサルティングで**「ネット販売ありきで考えなくてよいですよ」**とお伝えしています。ネットを使って「来店を増やすこと」「お客様とコミュニケーションを取ること」なども、立派な「ネット活用」なのです。

また、「ネット販売」をはじめようと思うかたの中には、「（自社商品はよいものだから）ネットショップを作れば売れていく」とお考えになる経営者様もいらっしゃいます。しかしそれはかなり甘い考えかもしれません。

「ネットショップを作ったけれども……」などと、「ネットショップのアクセスを増やす」「商品の魅力を伝える」Webの取り組みについてご相談に来られるかたは非常に多いものです。

「ネット販売はしない」と決めている経営者様もいらっしゃいます。次のようなケースです。

◉頼まれれば地方発送はするが、ネットショップを開いて商品をこまめに更新する「人材」がいない／不足している
◉梱包したり発送したりという、普段の業務にはない作業が発生すると現場が混乱する
◉鮮度にこだわっているので、どのような配送状態になるか正確に把握できないのはお客様に対して無責任になるので店頭販売しかしない

ネットショップは「24時間モノが売れる自動販売機」のように捉えられがちですが、その運営には相応のコスト、つまり人手、時間、運営の手間などがかかります。

貴社の経営戦略の中で「ネット販売」が合理的選択なのかどうか、まずはご検討ください。もし合理的選択なのであれば、ぜひネットショップに取り組んでいきましょう。

ネットショップは「自動販売機」ではない

ハッ!
注文だ!!
セッセ
セッセ
ワーイ
ワーイ
ワーイ

運営には相応のコストがかかるが、
全国のお客様に売れる

2 ネットショップ開始の手段は4つ

「ネット販売」を行うには大きく4つの選択肢があります。それぞれのメリット、デメリットを踏まえながらご説明していきます。

①ショッピングモールに出店する　～楽天、Yahoo!ショッピングなど

ショッピングモールとは、「ネット上のショッピングセンター」です。すでにショッピングセンターという"館（やかた）"があり、そこに間借りして出店するイメージになります。

メリット
- すでに1億人以上の「会員」[*1]がいてショップのことを周知しやすい

デメリット
- 顧客リスト（氏名やメールアドレスなど）がもらえない（顧客リストはモール側の持ち物になり、モールでの買い物客に自社独自に販促を行うことができない）
- 賃料や広告費など、相応のコストがかかる

自社で最初からお店を立ち上げるよりも手っ取り早く、サポートも手厚いのが特徴です。一方で、間借りするわけですから「店賃」やキャンペーン費用など、毎月のランニングコストがかかってきます。

*1　楽天の場合

例えば**「楽天市場」**であれば、楽天はご存知の通りプロ野球球団もあり、楽天カード、楽天ポイントなど、「楽天」という知名度は大きいものがあります。この知名度を利用してネットショップを展開できるのは大きな魅力です。

ただし、楽天市場で購入してくださったお客様のリスト（顧客名簿）は外部に持ち出すことができません。

例えば万が一、楽天市場を〝退店〟するときには、そこでの顧客リストが持ち出せないため、自店独自にネットショップを立ち上げる際は、また新たに顧客リストを構築していかなくてはなりません。

ショッピングモールは楽天市場以外にも**「Yahoo! ショッピング」**などもあります。Yahoo! ショッピングの最大の特徴は「外部リンクが可能」ということです。

例えばYahoo! ショッピングの自店ページより自社ホームページ（自社独自のネットショップ）などにリンク（誘導）ができるので、「Yahoo! という知名度を活かしつつ、同時に、自社ネットショップでも経験を積んでいきたい」「もともと自社独自のネットショップを運営しているが、同時にYahoo! の知名度を活かし

楽天市場のトップページ

たい」などの場合に有効と言えるでしょう。

また、ショッピングモールで忘れてはならないのは**「Amazon」**です。Amazonでは商品写真と説明文を入力すれば掲載できるというシンプルなショッピングモールになっています。また、FBA（フルフィルメント by Amazon）と呼ばれる、受注から発送までの業務を肩代わりしてくれるサービスが特徴的です。

一般的に、ショッピングモールにはすでに貴社商品に似た商品が販売されていることも多いでしょう。いわゆる**競争過多の状態**です。

その中で「差別化」を図るには、**価格で勝負することや、他を圧倒する特徴などを打ち出していくことが必要不可欠**になります。いずれにしても「モールに出れば簡単に売れていく」ものではありません。

②自社独自のネットショップを作成する

ショッピングモールは〝館〟に間借りして出店するイメージで

Yahoo! ショッピングのトップページ

した。一方、自社独自のネットショップを作成して運用するケースもあります。

メリット
- 希望通りの仕様／デザインのネットショップが手に入る
- 顧客リストを自社内で蓄積できる

デメリット
- 高額になる
- 自社の責任において、顧客情報の漏えい等のセキュリティに気を遣う必要がある

オリジナルでネットショップを作るのは「フルオーダー」になりますから、基本的には初期費用は比較的高額になります。しかしそうまでして、ネットショップを自社オリジナルで作成するのにはさまざまな理由があります。

■在庫管理システムと連動させる必要があるから

店頭販売もしている商品とネットショップの在庫情報を共有する場合は、ショッピングモールでは難しいでしょう。

■〝店賃〟がかからず、また顧客リストが自社のものになるから

ネット販売は経営戦略の中で考えるべきというのは、すでに申し上げた通りです。とある会社様では、**ネットショップを「新規顧客の開拓ツール」と割り切って使っている**そうです。つまり、自社ネットショップで購入してくださったお客様には、その後、カタログ送付や営業部隊による訪問営業などを通して「長いお

付き合い」に発展させていく戦略だそうです（ネットショップよりもカタログのほうの商品価格を下げているそうです）。

これはまさにショッピングモールではできない動きであると思います。

■既存の自社ホームページとデザインを統一したいから

自社ホームページとネットショップのデザインを統一させることにこだわる経営者様も意外に多いです。これもある意味、経営戦略ではありますので、イメージ重視の企業様では自社オリジナルのネットショップ作成もよいでしょう。

独自のネットショップを作るときは、内製は難しいと思いますので、**Web制作会社さんに相談するというのが第一歩**になります。

Web制作会社さんに委託するときの注意点は、第8章にて改めてご確認ください。

③買い物カゴ機能を借りて作成する

自社オリジナルのネットショップ例（湖南商会様）

ネットショップは、簡単に言えば「商品を陳列し、その商品をレジで買っていただくシステム」です。このうち比較的難しいのが「レジで買っていただくシステム」の手配です。

そこで最近人気なのが、**「レジで買っていただくシステム」すなわち買い物カゴ機能だけ「借りる」という方法**です。

「カート型ネットショップ開設サービス」「ASP型ショッピングカート」「ASP型ネットショップ」などとも呼ばれますが、いずれも同じです。本書では「ASP型ショッピングカート」と呼んでいきます。

メリット
- 低コスト
- 顧客リストを自社内で蓄積できる

デメリット
- 別途、集客（マーケティング）を行う必要がある

このASP型ショッピングカートは、オリジナルでネットショップを作成する（つまり「レジで買っていただくシステム」もオリジナルで作成する）ケースに比べて安価になります。

また、「買い物カゴ機能」というシステムだけを借りるわけですから、顧客リストを自社内で蓄積できるというメリットもあります。

一方のデメリットは、別途、**集客（マーケティング）を行う必要がある**ことです。楽天市場などのショッピングモールは基本的に〝館〟が集客をしてくれますが、ASP型ショッピングカートは自己責任で、自社のネットショップの周知を図らなくてはなりません。

平塚市の祭用品専門店「そめきん」（有限会社そめきん）様では、BASE（ベイス）というASP型ショッピングカートを利用し、ネットショップを運営なさっています。

そして、このネットショップの周知のために、ホームページやブログ、InstagramやTwitter、Googleビジネスプロフィール、YouTubeなどを使って楽しくコツコツと情報発信を行っていらっしゃいます。真面目に頑張る中小事業者様の鑑（かがみ）のようなお店様です。

私も、そめきん様のネットショップで『無病息災』の祈りが込められたデザインの手ぬぐいを購入させていただき、タペストリーとして飾っています。

BASEを使用したネットショップ（そめきん様）

④電話やFAXなどの方法で売る

繰り返しになりますが、ネット販売は貴社の経営戦略の中で冷静に考えていくべきものと思います。

このとき、「メールを頻繁にチェックする習慣がない」「店頭にパソコンがない」など、「ネットで売りたいけど、ネット注文が入っても処理がしづらい」ということもあり得ると思います。

そんなときは**「ホームページを起点に、電話やFAXなどの方法で売るのもネット販売」と割り切ってもよいと思います。**

ホームページに商品画像、商品名、説明、価格をしっかり掲載して、「ご注文は電話かＦＡＸでお願いいたします」と誘導するイメージです。

商品名は聞き違い、認識違いを防ぐために「商品番号」も併記するとなおよいでしょう。なお、特に電話番号を掲載する際は、受付可能時間帯も明記しておきましょう。

メリット
- 低コスト
- これまでの実務の延長で販路拡大が可能

デメリット
- 言った、言わない（注文した、していない）などのトラブルがある場合もある

3 ネットショップ好事例から学ぶエッセンス5選

ここからは、どのようなネットショップが好調であるのか、そのエッセンスを探っていきましょう。

①超ニッチ戦略

まずご紹介したいのは**「特化型」のネットショップ**です。対象者を絞り、情報を特化するのはＷｅｂ集客の基本とも言えます。対象者を絞ることの意義については次章で触れていきます。「お米のフルヤ」（古谷商事有限会社）様は神奈川県小田原市にあるお米屋さんです。

お米はスーパーでも手に入ります。そしてお米のネットショップも多数あります。そんな中、お米のフルヤ様がネットショップでＰＲしているのは「体重米」というものです。非常によく売れているそうです。非常に熱心な店主様がコツコツとネットショップを改良して頑張っていらっしゃいます。

出産祝いのお返しとして、赤ちゃんの体重と同じグラム数の

お米のフルヤ様のネットショップ

お米を贈るという、考えただけでもほっこりする商品ですよね。届いたおじいちゃんおばあちゃんは、さぞかし嬉しい気持ちでお米を「抱っこ」することでしょう。

■「ギフト」という視点

なお、ネットショップでは**「ギフト」（贈答品）という考えかたは非常に大切**です。自分の買い物としては財布の紐がかたいお客様も、贈答の場合は「義理」「見栄」などの理由から、きちんとしたものを贈りたいという気持ちがあることでしょう。そしてまとめて複数個所に贈ることもあります。

ぜひ読者様がネットショップをはじめる際は、ギフトとしてどのように訴求していくかをしっかりと検討いただきたいです。

ギフトを訴求する際は、**「荷姿」の情報は写真入りで手厚く発信して**ください。荷姿の情報が少ないと、贈り物として安心して贈れるかどうか不安になり、他のネットショップに目移りしてしまいます。

②人柄・情熱・知識で売る

傘のネットショップ「匠の傘の専門店 心斎橋みや竹」（合名

匠の傘の専門店 心斎橋みや竹様のネットショップ

会社みや竹）様は、ネット通販黎明期から活躍するネットショップのレジェンドです。

「傘は生き物」や「私達がお届けしたい傘は、10年たっても時代遅れとならずに更に価値を増す傘です。」などと説明されているように、**店主宮武さんの傘に対する愛情がひしひしと伝わってきます**。傘の通販サイトとして長く活躍されている背景には、傘に対する情熱や知識、また宮武さんの人柄などがあることは間違いありません。

③既存客にネットでも買ってもらう

ネットショップは「全国の、新しいお客様にたくさん買っていただく」というイメージが多いかと思います。一方、**既存のお客様もネットで購入したいというケースもあります**。

小田原市の農園「香実園　いしづか」様では、BASEを使ってネットショップを運営していらっしゃいます。玉ねぎやみかん、湘南ゴールドという名産の柑橘類などを取り揃えていますが、遠方にお住いの既存のお客様に購入されることも多いとのことです。

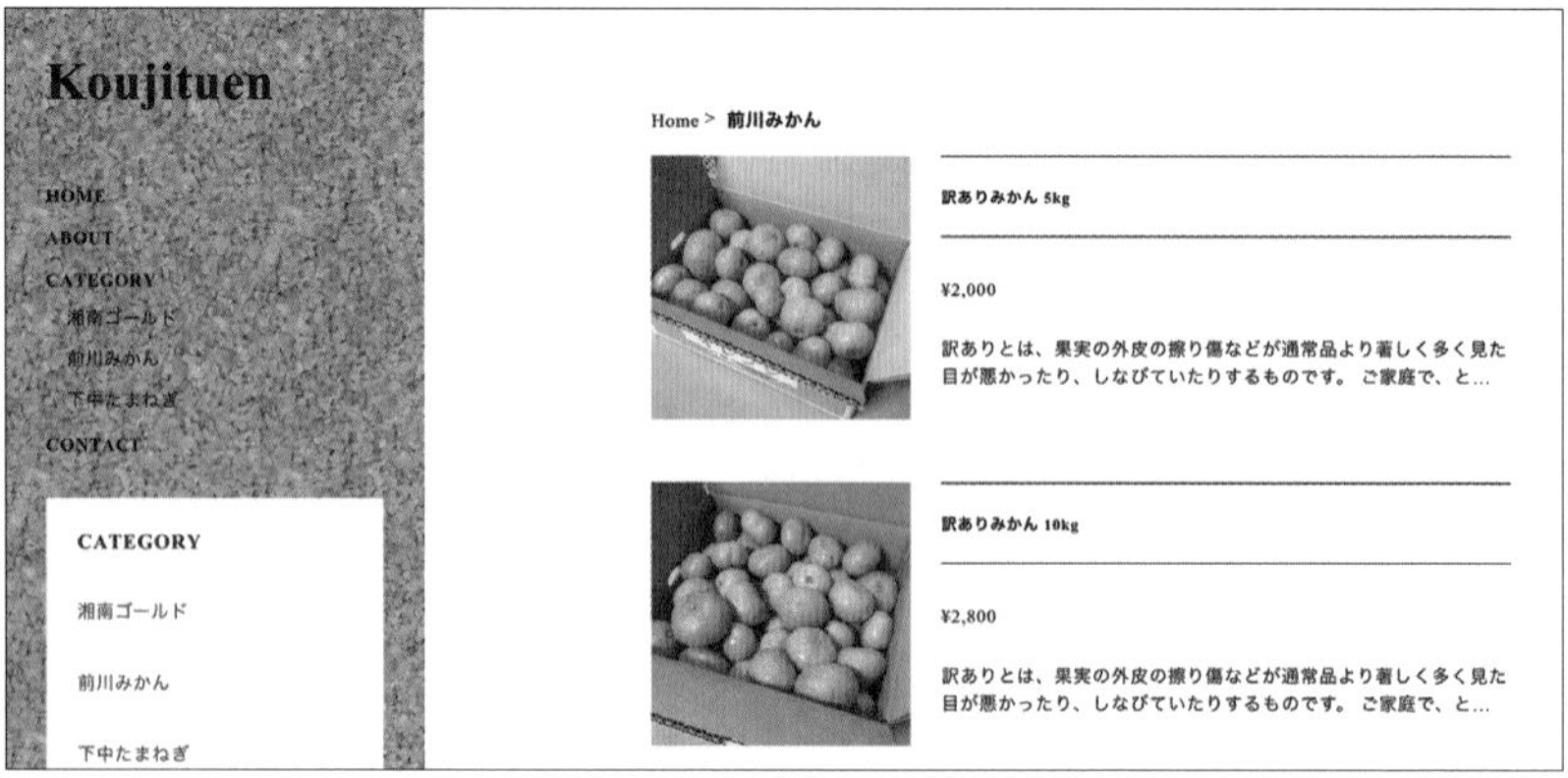

香実園 いしづか様のネットショップ

それぞれとびきり美味しいので売り切れになっていることも多いです。

ネットショップは「受注する手段のひとつ」と割り切って淡々と運営してもよい、ということを教えてくれるネットショップ様です。

④新商品を案内してリピート購入してもらう

「ギフト」と同様に**ネットショップ成功のカギを握るのは「リピート購入」**です。

鎌倉市のワイン専門店「湘南ワインセラー」（有限会社花里企画）様は、Instagram や Twitter なども使いながら「メルマガ」で新商品を続々と紹介してリピーター様がとても多いとのことです。

湘南ワインセラー様は特にフランスのブルゴーニュワイン、自然派ワインを打ち出していらっしゃいます。実店舗もあり、優しく丁寧に説明してくださいます。

湘南ワインセラー様のネットショップ

私もサンセール・サウレタス［2012］セバスチャン・リフォーという自然派白ワインなどを購入させていただきました。配送も迅速で梱包も丁寧と、売れているネットショップ様の模範のようなお店様です。情熱的なメルマガを読むと、ついつい新しいものを買いたくなってしまいます。

⑤不安と疑問を解消する「お客様目線」

最後に、私がこれまでもっとも感銘を受けたネットショップ様を紹介させていただきます。

名古屋市の国産ソファブランド「NOYES（ノイエス）」（株式会社NOYES）様は、新婚時代に偶然見つけて衝撃を受けたネットショップ様です。

「ソファのネットショップ」と、さらっと申し上げましたが、ソファをネットで売るというのはどれほど難しいことでしょうか。想像に難くないと思います。

そこでNOYES様では、**「ネットでソファを買う」ときにネック**になることを懇切丁寧に説明し、**不安と疑問を解消することに**

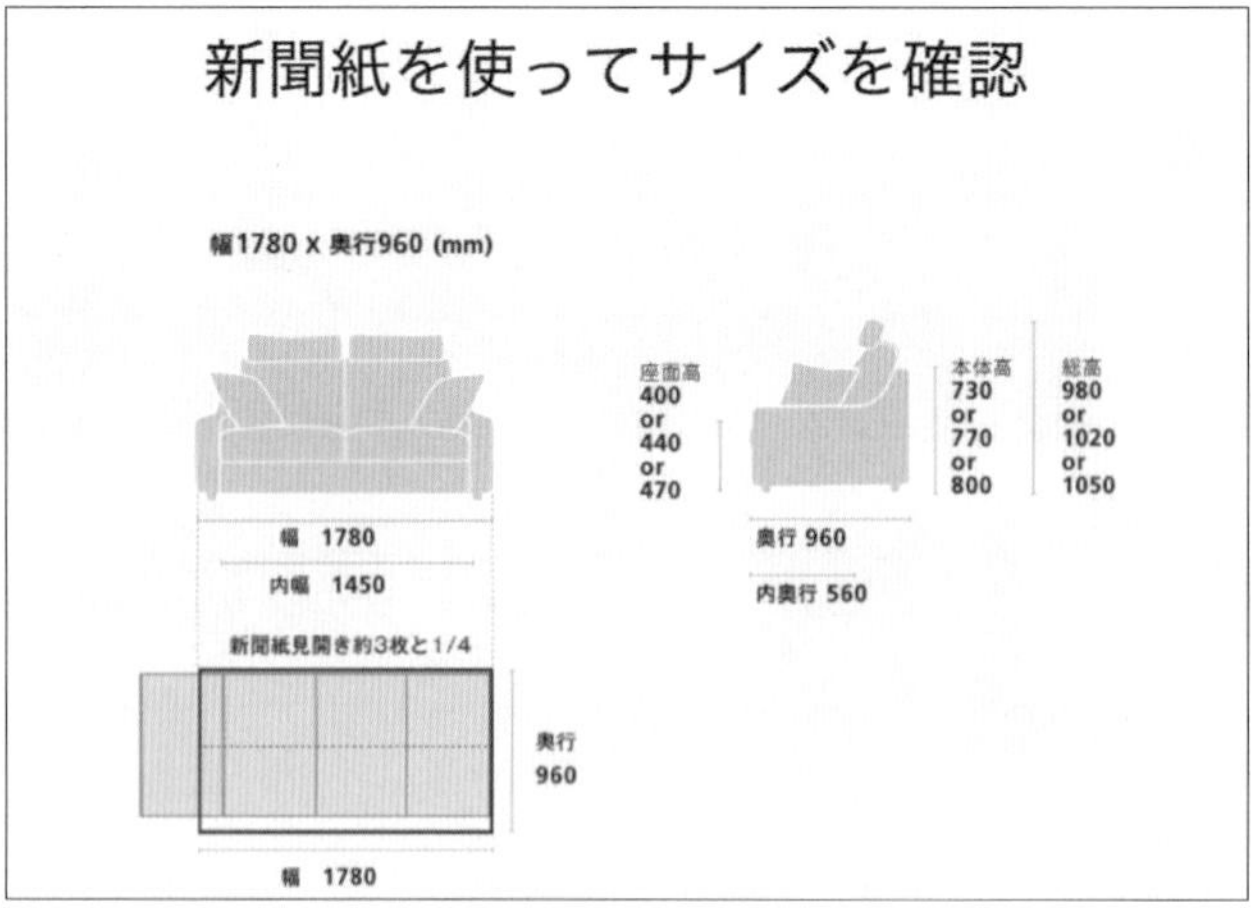

新聞紙を使ってサイズを確認

幅1780 x 奥行960 (mm)

座面高 400 or 440 or 470
本体高 730 or 770 or 800
総高 980 or 1020 or 1050
幅 1780
内幅 1450
奥行 960
内奥行 560
新聞紙見開き約3枚と1/4
奥行 960
幅 1780

NOYES様のネットショップ

注力されています。

例えば次のようなことです。

◉新聞紙を広げた大きさと比較して説明する（実際にイメージしやすい）
◉掃除機やフローリングモップが入るのかどうか説明する
◉搬入時に必要なドア幅の最低サイズなどを説明する
◉ＡＲ技術を使って3Dデータのソファを実物大で配置し確認できる

不安と疑問を解消するという「お客様目線」のホームページ作りを丁寧に行っていて、本当に素晴らしいネットショップ様です。

NOYES様は、相当な時間と予算をかけてネットショップを構築運営していると推測されます。中小事業者様はNOYES様のネットショップから、「相当な時間と予算をかける」という点というより、**いかにお客様目線の情報発信が大切かというエッセンスを学べる**と思います。

ぜひ「NOYES」で検索し、数十万円のソファを「ついつい」買ってしまいたくなる、というお客様目線の情報発信術を体験してみてください。

chapter 10 のおわりに！

まずは、やってみましょう

- ネットショップをはじめるならば、まずはご自身でネットショップにて購入してみるのは必須です。
  ⇒ネットショップのデザイン、品揃え、商品説明を学ぶ
  ⇒注文のしやすさを学ぶ
  ⇒注文のやりとり（メールでの連絡）を学ぶ
  ⇒配送の迅速さを学ぶ
  ⇒梱包状態と同梱物を学ぶ（どんなものが同梱されているかマーケティング視点で考察する）
  ⇒リピート施策についてどうしているのかを学ぶ
  など、数千円の投資でさまざまなことが実感できます。

- ネットショップに精通した経営コンサルタントである竹内謙礼様の公式サイト「竹内謙礼のポカンと売れるネット通信講座」（https://e-iroha.com/）と、そのメルマガは必読です。

発信／投稿も、すべては「お客様目線」でうまくいく

chapter 11

1 「自社目線」だから反応が悪くなる

Webの情報発信でうまくいかない原因

私は、真面目にコツコツと商売を頑張る事業者様を応援したいと思い、２００９年に「中小・零細事業所様に特化した」Ｗｅｂ活用コンサルティング事務所を立ち上げました。

それ以前の職場でも同様の活動をしていましたから、20年ほど、このような活動に取り組んでいます。Ｗｅｂを活用して売上アップ、事業拡大を達成した事業者様もいらっしゃれば、なかなかうまくいかずに、もがき苦しんでいる事業者様も見てきました。

Ｗｅｂの情報発信でうまくいかない原因は、たったの2つです。

◉ **情報発信が「足りない」**
◉ **情報発信が「ズレている」**

「足りない」のほうは、時間が解決することがあります。例えばブログをコツコツと積み上げていくと、ある時に「突き抜けた」感覚を持つと思います。「ブログを見た」という引き合い、来店、申し込みがあったときです。一度でも「結果」を感じると、途端に面白くなって、コツコツとした情報発信が苦にならなくなり、ますます結果が出てきます。この好循環は、ブログを長く続けているかたならおわかりになると思います。

一方、**意識的に解決したいのは「ズレ」のほうです**。「ズレ」というのは、「自社目線」で情報発信をしていないか、ということです。**必要なのは「お客様目線」です**。本章では、情報発信を「自社目線」ではなく「お客様目線」にするポイントを考えていきましょう。

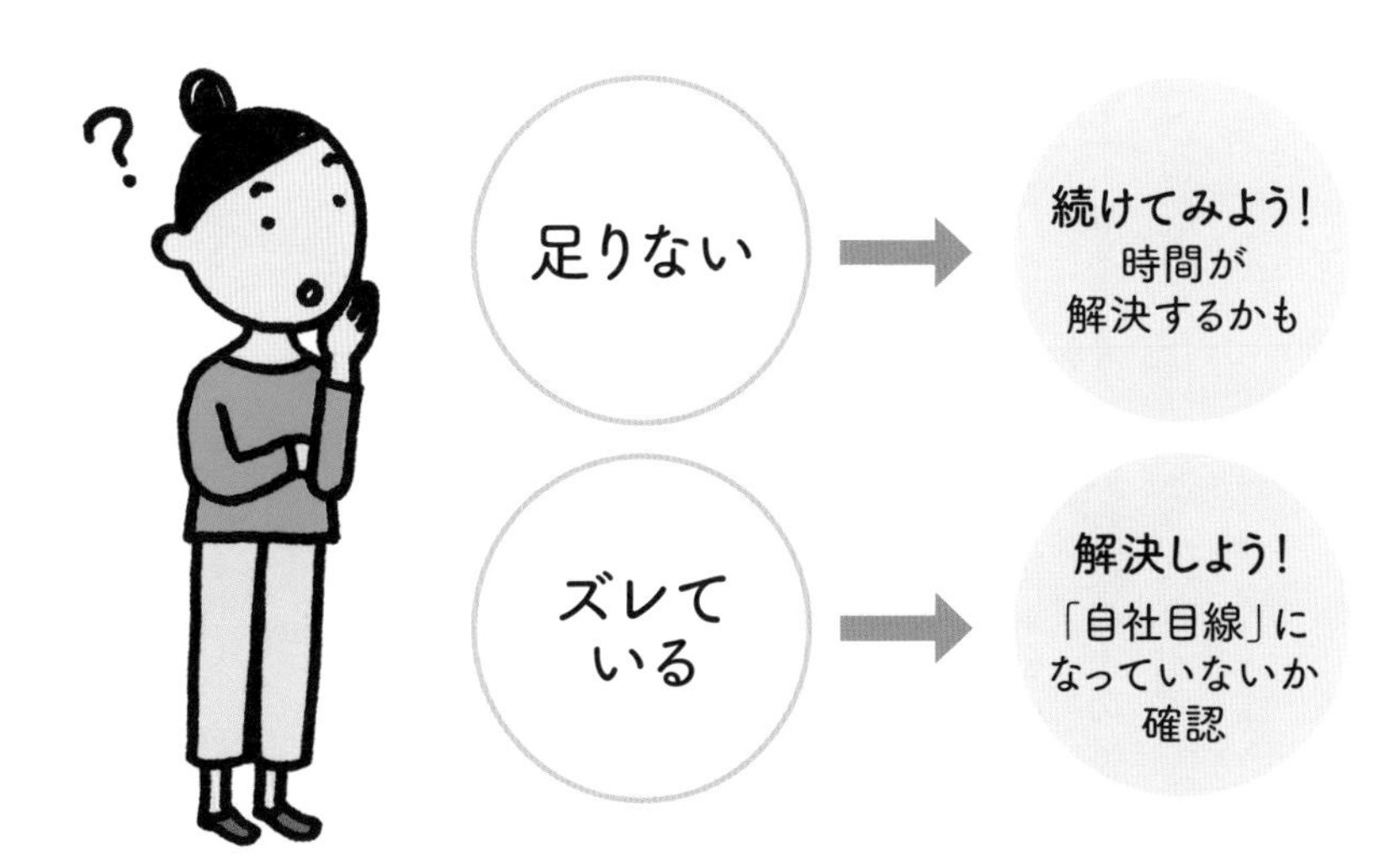
あなたの情報発信は……？
?
足りない
続けてみよう！
時間が
解決するかも
ズレて
いる
解決しよう！
「自社目線」に
なっていないか
確認

2「キーワード」に関する基礎知識

本題に入る前に、ここで少し、専門的なお話をさせていただきます。これからのお話の「前提」となるものです。

Webはキーワードを取り合う場

第1章でご説明した通り、事業者様にとって「無限の可能性がある『Ｗｅｂ』」は、同時に、お客様にとっては「冷やかし、比較検討の場」です。そのことは絶えず、冷静に考えておくべきです。

そして、お客様がＷｅｂを使って比較検討するとき、「言葉」を使って「調べる（検索する）」という行動が欠かせません。

「言葉（キーワード）で検索」したときに、「検索エンジン側が、良かれと思う順番」で結果を示すのが「検索エンジン」という仕組みになります。そこに「順番」がある以上、**なるべく「検索結果の上のほう」に表示されることが、多くのお客様の目に触れることにつながる**のはご理解いただけると思います。

また、「順番」があるということは、そこに「競争」が発生することをも意味します。事業者様は、意中のキーワードでできるだけ多くのお客様の目に触れるように願うわけですから、どうしても「他社と」「キーワードごとに」順位を競うような形になります。つまり、**Webは「キーワードを取り合う」場でもある**のです。

ちなみにこれは、代表的な検索エンジン「Google」のみならず、検索ツールとしての側面もあるInstagram、Twitterに関しても同じことが言えます。

この、Webは「キーワードを取り合う」場であるという意識は、絶えず持っていただきたいと思います。「Webの成果が出ない」とおっしゃる経営者様にお話を伺うと、「どのキーワードで勝負しているのか」を決めていない、あいまいにしている場合が多いです。これでは勝負にならないと思います。

事業者様は、意中のキーワードで「多くのお客様の目に触れる」ようになれば、選択される可能性が高まるのです。一方、この「競争」は、知名度や資金力などは一切関係なく、どのような事業者様にもチャンスがあるのがWebの面白さなのです。

検索エンジンにて「狙ったキーワード」でお客様に見つけていただくことが、「検索」に対応したWeb

検索結果は、検索エンジンが「良かれと思う順番」に並べられている

集客の基本です。もしそのキーワードで他社に競り負けるならば、狙うキーワードを変更するか、ＳＮＳなど「検索エンジン以外のツール」に活路を見出すか、お金を出して広告を出すという選択肢になります。

以下、「自社はどのようなキーワードで勝負していくか」を考えるときの基本をご提案します。

①すぐ思い付く「ひとことキーワード」は狙わない

例えば「リフォーム」「相続相談」「フェイシャルエステ」など、その業界やお客様のほうで「すぐに思いつきそうな、ひとことの」キーワードは、もはや大手企業やＷｅｂ集客を先行して進めていた企業が奪ってしまっている可能性が非常に高いです。このようなキーワードを「ビッグキーワード」と言い、後発の企業がそれを奪うことはほとんど不可能です。

ではどうするか？　ですが、**「ビッグキーワードに、複数の言葉を足した、細かいキーワード」で勝負していくこと**をおすすめします。このようなキーワードを「スモールキーワード」と言います。

あくまで一例ですが、次のようなものです。

◉「リフォーム　横浜　床」
◉「相続相談　農地　注意点」
◉「フェイシャルエステ　ブライダル　期間」

なお、「リフォーム　横浜　床」というキーワードは「床の張り替えを検討している横浜市民」に出会うためのキーワードで、「相続相談　農地　注意点」「フェイシャルエステ　ブライダル　期間」などは相続相談やブライダルエステに向けて情報収集を行っているユーザーに出会うためのキーワードです。

すぐにリフォームを検討しているユーザーであれ、相続相談やブライダルエステに向けて情報収集を行っているユーザーであれ、「リフォーム」「相続相談」「フェイシャルエステ」などの漠然としたひとことキーワードで検索することはまずありません。ですので現実的には、**「いかにユーザーが検索しそうなスモールキーワードを拾っていくか」というのが勝負の分かれ目**になります。

「でも、うちは床のリフォームだけを行っているわけではないのですが……」というお声が聞こえてきそうです。確かにそうですよね。総合リフォーム店様がホームページにもっぱら「床リフォーム」のことだけを書くというのは非現実的です。

そこでおすすめなのが第9章でお伝えした「ブログ」もしくは「YouTube」なのです。ブログ記事、YouTube動画は、ホームページ本体がどうであるかとは関係なく、無制限に増やすことができます。スモールキーワードはブログで拾っていく（記事本文やタイトルにキーワードを入れる）、そこからホームページへの動線を付ける、というのが合理的な戦いかただと思います。

②では、どんなスモールキーワードを狙うのか？

お客様に出会うためのスモールキーワードは、どのように見つければよいのでしょうか。Ｗｅｂ集客にはじめて取り組む読者様が「特定のツールを使わず」「すぐできる」方法をご紹介します。

それは、**「接客中の言葉から考える」**ということです。

例えば、フェイシャルエステ店でお客様から「ブライダルエステの場合はどれくらい前からはじめたほうがいいんですかね」などと聞かれたら、もちろんそのお客様には丁寧にお答えいただきつつも、「これは『フェイシャルエステ　ブライダル　期間』というキーワードを意識してブログを書けるな」と思っていただきたいです。

そもそも検索の多くは「●●したい（買いたいなど）」もしくは「●●の疑問を解消したい（知りたい、確認したい、不安を解消したいなど）」が動機です。**接客中に出たお客様からの質問は、そのままWeb集客にて対策していくべきスモールキーワードの最大のヒントになります。**

では、「フェイシャルエステ　ブライダル　期間」というスモールキーワードをお題にしてブログなどを書くときには、どんな内容を書けばよいのでしょうか？

それは「『フェイシャルエステ　ブライダル　期間』で検索する人は、何が知りたいのか？」ということを想像することからはじまります。まさに**お客様目線**です。お客様目線の実践については後ほど詳しくご説明しますが、

◉過去のブライダルエステのお客様の平均期間

◎過去のブライダルエステのお客様が通われた頻度（月に何回くらいがおすすめかなど）
◎過去のブライダルエステのお客様のエピソード
◎過去のブライダルエステのお客様の感想
◎当店のブライダルエステの内容、特徴、こだわりポイント
◎ブライダルエステの段取り（手順や、お客様側で準備するものはあるのかどうかなど）
◎ブライダルエステの費用
◎ブライダルエステ中に自宅でできるケア、注意点
◎ブライダルエステについてよくいただく質問

など、一例ですが上記のような内容を書いていくと、お客様に役立ち、かつ、検索エンジンでも上位表示されるようなしっかりしたブログ記事になるのではないでしょうか。

もちろん、はじめから一気に完璧なブログにする必要はありません。アクセス状況を見ながら、あとで追記（加筆修正）してもよいのです。気長に取り組んでいきましょう。「無理をせず、コツコツ長くずっとやる」のがWeb集客の基本でしたね。

3 検索エンジンそのものが、「お客様目線」を志向している

「テクニック」で何とかなっていた時代

検索結果の順位を決めるのは検索エンジンのプログラム（アルゴリズム）です。このプログラムは日々変化しています。今から20年前くらいは、「ページの中にキーワードをたくさん入れる」「他所から数多くリンクしてもらう」というやりかたで検索上位に来ることもしばしばありました。単純な「テクニック」で何とかなった時代は、確かにあったと思います。

しかし、その仕組みを利用して「ページの中にキーワードがたくさん入っていたり、リンクをたくさんもらっていたりするようだが、中身のない無益なホームページ」のようなものが増え、「検索エンジンを使って検索しても知りたい情報が見つからない」という状況が生まれたのだと思います。

それを踏まえてGoogleでは、**数年前から「ユーザーファースト」という考えかたをはっきりと打ち出しているように思います**。ユーザーファーストをわかりやすく言えば「お客様目線」ということかと思います。

世界最大の検索エンジン、Googleは何を見ているのか

Googleが何を求めているのか？ということを、参考資料をもとに考えていきましょう。

SEO（いわゆる「検索エンジン対策」）を考えるときにもっともベースとなるのは「検索エンジン最適化（SEO）スターターガイド」という資料です。

「Google のおすすめの方法に基づいて SEO の基礎知識を包括的に学びたい方にとって、このガイドは最適な資料」と Google 自身が述べているように、もっとも基本となる資料かと思います。

ここではホームページ管理者らが「やったほうがよいこと」「避けるべきこと」などが書かれていますが、資料の中ほどで「興味深く有益なサイトにする」として、

> 人を引きつける有益なコンテンツを作成すれば、このガイドで取り上げている他のどの要因よりもWebサイトに影響を与える可能性があります。

と書かれています。**ユーザーにとって「なるほど」と思える内容にしていきましょう、という趣旨**でしょう。

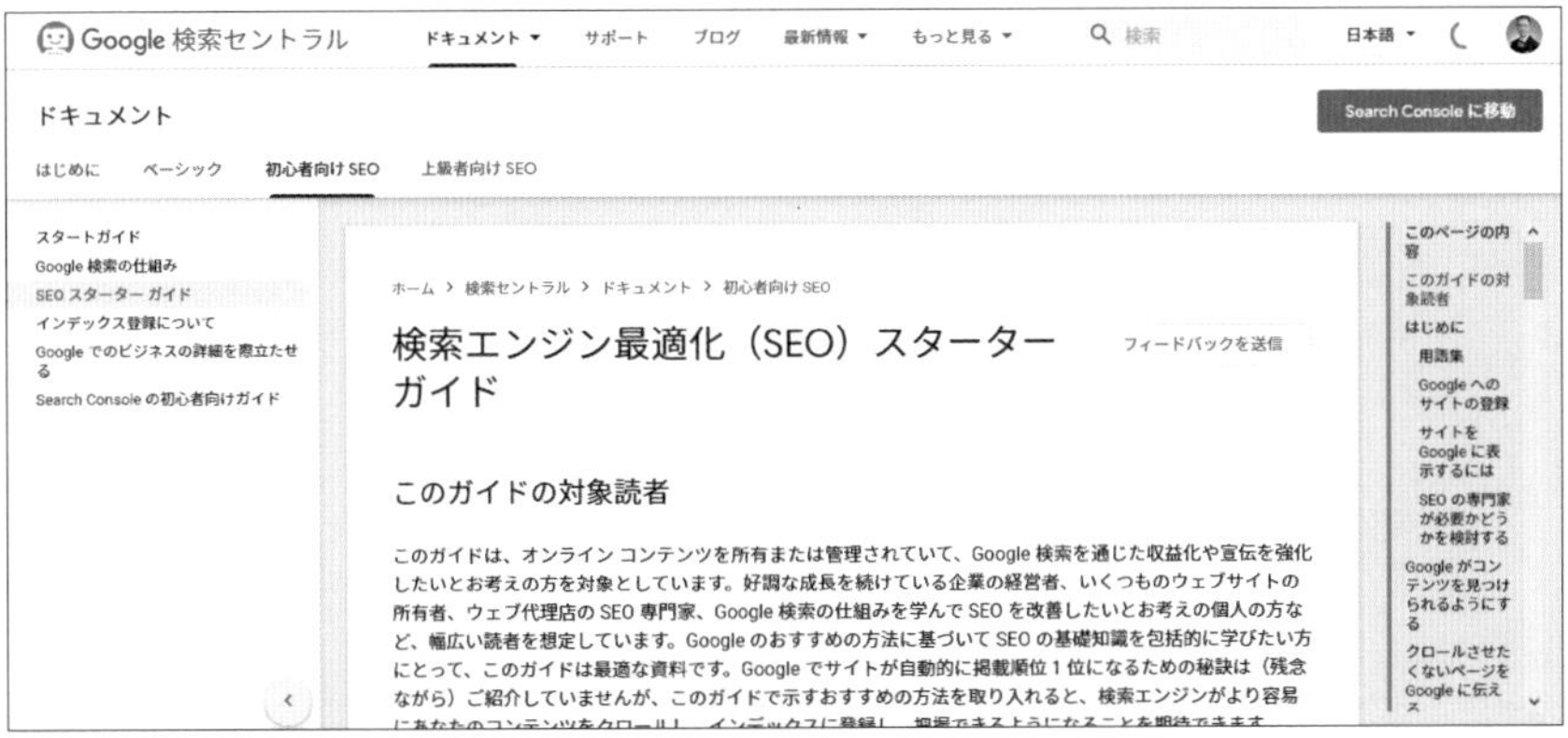

Google 検索セントラル　ドキュメント　サポート　ブログ　最新情報　もっと見る　検索　日本語

ドキュメント　Search Console に移動

はじめに　ベーシック　初心者向け SEO　上級者向け SEO

スタートガイド
Google 検索の仕組み
SEO スターター ガイド
インデックス登録について
Google でのビジネスの詳細を際立たせる
Search Console の初心者向けガイド

ホーム ＞ 検索セントラル ＞ ドキュメント ＞ 初心者向け SEO

検索エンジン最適化（SEO）スターターガイド　フィードバックを送信

このガイドの対象読者

このガイドは、オンライン コンテンツを所有または管理されていて、Google 検索を通じた収益化や宣伝を強化したいとお考えの方を対象としています。好調な成長を続けている企業の経営者、いくつものウェブサイトの所有者、ウェブ代理店の SEO 専門家、Google 検索の仕組みを学んで SEO を改善したいとお考えの個人の方など、幅広い読者を想定しています。Google のおすすめの方法に基づいて SEO の基礎知識を包括的に学びたい方にとって、このガイドは最適な資料です。Google でサイトが自動的に掲載順位 1 位になるための秘訣は（残念ながら）ご紹介していませんが、このガイドで示すおすすめの方法を取り入れると、検索エンジンがより容易

このページの内容　このガイドの対象読者　はじめに　用語集　Google へのサイトの登録　サイトを Google に表示するには　SEO の専門家が必要かどうかを検討する　Google がコンテンツを見つけられるようにする　クロールさせたくないページを Google に伝える

検索エンジン最適化（SEO）スターターガイド
https://developers.google.com/search/docs/fundamentals/seo-starter-guide

品質評価ガイドラインとチェックポイント

また、Googleが「このような基準で検索エンジンのシステムを運営していますよ」という指針を示した資料があります。「品質評価ガイドライン」[*1]というものです。「検索エンジン最適化（SEO）スターターガイド」は一般のWeb運営者向けの情報、この「品質評価ガイドライン」は技術者向けの情報です。

品質評価ガイドラインで強調されているのは、主に、以下の3点です。

つまり、**「モバイルフレンドリーや安全快適な閲覧を前提として、ユーザーの需要に合った質・量の情報を、必要十分に、そして専門性・信頼性を担保して提供しているか」ということが求められている**（評価の基準となっている）ということになります。

中小事業者様においては、次のポイントをチェックするとよいでしょう。

❶検索意図に沿った、十分な内容になっていますか？（お客様が知りたい内容を掲載していますか？）
❷情報量は必要十分ですか？
❸専門性が感じられますか？

Needs Met （ニーズメット）	■ユーザーの需要に合った質・量の情報を、ストレスなく提供できているか？
Page Quality （ページクオリティ）	■品質の高さ・信頼性 ■「E-A-T」 Expertise（専門性） Authoritativeness（権威性） Trustworthy（信頼性） ■「YMYL」（Your Money, Your Life）
モバイルの ユーザビリティ	■いわゆる「スマホ」などで閲覧する際の見やすさ

＊1　出典：https://static.googleusercontent.com/media/guidelines.raterhub.com/ja//searchqualityevaluatorguidelines.pdf

❹他ユーザーから支持されていますか？

「いかにキーワードをたくさん埋め込むか」「いかに自社が言いたいことを言い切るか」などの発想とはまったく違うことをご理解いただけるかと思います。

検索エンジンの雄であるGoogleも、はっきりと「お客様目線」という考えかたになっているのです。

「Googleが掲げる10の事実」

この「ユーザーファースト」（お客様目線）ということを象徴する文章があります。「Googleが掲げる10の事実」というものです。

Googleがこの「10の事実」を策定したのは、会社設立から数年後のことだそうですが、一番はじめの項目にはこのように掲げられています。

ユーザーに焦点を絞れば、他のものはみな後からついてくる。

この文章は「Google検索において」という意味ではなく、Googleという会社自身の理念になりますが、**Google自身がユーザーファースト（お客様目線）志向である**ことをよく表していると思います。

Google が掲げる 10 の事実

Google がこの「10 の事実」を策定したのは、会社設立から数年後のことでした。Google は随時このリストを見直し、事実に変わりがないかどうかを確認しています。Google は、これらが事実であることを願い、常にこのとおりであるよう努めています。

1. ユーザーに焦点を絞れば、他のものはみな後からついてくる。

Google は、当初からユーザーの利便性を第一に考えています。新しいウェブブラウザを開発するときも、トップページの外観に手を加えるときも、Google 内部の目標や収益ではなく、ユーザーを最も重視してきました。Google のトップページはインターフェースが明快で、ページは瞬時に読み込まれます。金銭と引き換えに検索結果の順位を操作することは一切ありません。広告は、広告であることを明記したうえで、関連性の高い情報を邪魔にならない形で提示します。新しいツールやアプリケーションを開発するときも、もっと違う作りならよかったのに、という思いをユーザーに抱かせない、完成度の高いデザインを目指しています。

Google が掲げる 10 の事実
https://about.google/philosophy/

chapter 11

4「お客様目線」の実践① 対象者を絞る

とりあえず書いてみて、あとから修正する

Webでの表現をお客様目線にしていくときは、はじめからお客様目線の書きかたを意図して書きはじめると、すぐに手が止まってしまう（考え込んでしまう）可能性があります。

ですので「まずはとりあえず書いてみて、あとでお客様目線かどうかチェックして修正していく」というほうが、遠回りなようでいてむしろ早く書ける方法です。

広く伝えたければ、むしろ絞って伝える

「お客様目線」の最初のポイントは**「対象者を絞る」こと**です。対象を絞らずに発信したWeb文章や投稿が効果を発揮したという事例は、いままで聞いたことがありません。

栃木県の那須やその近郊は、避暑や紅葉、ハイキング、スキーなど一年中楽しめるリゾート地です。牧場や日帰り温泉、アウトレットモールもあります。那須の街道をのんびりドライブするのは本当に気持ちがよいものです。

この那須に「ペンションあじわい」様という宿があります。かわいらしく優しい気持ちになるピンクの外観が印象的で、ダイニングからは那須連山が一望できます。明るいご夫婦で営む「あじわい」様は、ネットの特性をよく理解し上手に活用され集客につなげていらっしゃいます。

特に秀逸なのは、このページです。

「初めて赤ちゃん連れで家族旅行をされるなら、あじわいへ」
(ペンションあじわい様)

「初めて赤ちゃん連れで家族旅行をされるなら、あじわいへ」というご提案のページです。

◉スタッフはベビーシッターや幼児食インストラクター資格保有
◉キッズルーム完備、ミルク用調乳ポット、オムツ専用ゴミ箱あり
◉「パン作り」「お絵描きマグカップ」「フェイクスイーツ」などの体験が充実

など、「初めて赤ちゃん連れで」「家族旅行」をするに際し、適切でオリジナリティもある提案をなさっています。もちろん、感染症対策として各種の予防衛生管理をしっかりなさっています。

ここでポイントは、**「那須でお泊りなら」とか「家族旅行なら」などと言っていないこと**です。これは対象を絞り切れていませんよね。「初めて赤ちゃん連れで家族旅行をされるなら」と銘打ち、実際、0歳児をはじめお子様連れのご家族で賑わっています。

と同時に、「子供連れでも大丈夫なのだから、グループで利用してもカップルで利用しても柔軟に臨機応変に対応してくれそう」ということが伝わり、「子連れ家族」以外の客層も増えているご様子です。

「広く伝えたければ、むしろ絞って伝える。その結果として、広く伝わる」というWeb発信の鉄則中の鉄則を忠実に実践していらっしゃいます。

食いつく「動機」があるか

読者様が書こうと思っていたWeb文章や表現は、次のように「幅広い呼びかけ」になってしまっていませんか？

◉市民の皆様へ
◉県民様へ
◉主婦のかたに朗報！
◉腰痛でお困りのかたへのおすすめ商品です

それぞれ「悪い話」ではないものの、**その話に食いつく動機はほとんどありません**。

読者様がそうであるように、現代人の多くは「忙しい」「気忙しい」ことと思います。調べたいことを検索したり、SNSで友達の近況を斜め読みしたりしているとき、「働き盛りのみなさん！！」などと言われても、それをしっかり読むことはありません。

というのも、「自分は働き盛りの一人に違いないけど、自分向けの情報かどうか確認しながら読んだりする時間と手間、そして結果的に自分向けの情報ではなかったときの徒労感は半端ないな」と考えると、**スルーしたほうが得策**だからです。

要するに、ピン！とアンテナが立たないのです。

5 「お客様目線」の実践② メリットを訴える

お客様のメリットを訴える

対象者を絞った次にとてもおすすめしたいのは、**「その対象者のメリットを訴える」**ことです。

静岡県を拠点とする「合同会社SAZARE」様が展開する「sussu（スッス）」という化粧ポーチがあります。

ネットショップをはじめ、百貨店での催事や期間限定販売でも大好評だそうで、その人気ぶりがNHKでも取り上げられたそうです。セミナー時に受講者様にお尋ねすると、「私持っています！」「友人が使っています！」というかたも多いです。

このsussuのホームページには、

化粧ポーチ「sussu」（合同会社SAZARE様）

◉化粧品を、スッと取り出せる
◉化粧品を、スッとしまえる
◉口が開いた状態をキープできる
◉どこに何があるかすぐわかる
◉ちょっとした台にも置ける
◉片手でしっかりホールドできる

と記載されています。何かお気づきでしょうか？
そうです。利用者の「メリット」が記載されているのです。

主語を「あなた」にすれば伝わる

多くのホームページでは、

◉当社の強みは……
◉この製品は従来品に比べ幅を15㎜短くして……
◉わが社の長年の研究により……

など、「自社のこと」について「自社の都合で」熱く語るケースが多いようです。しかし、ネットで調べものや探し物をしているユーザーは、はじめから貴社に関心があるわけではありません。

ユーザーにとって関心があるのは、「自分」です。**「自分の悩み、不安、欲求」に関心がある**のです。それに対して「当社は……」と語りかけても関心を引くのは難しいのですね。

むしろ主語を「当社は……」「この製品は……」などではなく、**「あなたは」にしたほうが、よほど伝わる**ように思います。

◉（あなたは、）化粧品を、スッと取り出せる
◉（あなたは、）化粧品を、スッとしまえる
◉（あなたは、）口が開いた状態をキープできる
◉（あなたは、）どこに何があるかすぐわかる
◉（あなたは、）ちょっとした台にも置ける
◉（あなたは、）片手でしっかりホールドできる

「幅を15㎜短くして……」などと言われるよりも、伝わりやすいと思います。主語を「あなた」にすると、必然的に文末は「●●できる」というニュアンスになります。これが「メリット表現」なのです。

実践してみましょう　～「ワーク」のご提案

ここまでご説明した「対象者を絞る」「メリットを訴える」ということについて、私のセミナーでは「ワーク」の時間をとるようにしています。**「ご自身の場合」を想像し、実践してみることで、自分ごととして腑に落としていただける**と実感しています。

次に例を挙げますので、読者様もぜひお試しいただければと思います。

■ワーク：お客様を絞って表現してみましょう

例：初めて赤ちゃん連れで家族旅行をされるなら（ペンションあじわい様）

例：液晶テレビに保護パネルをかけたい。でも引っかけるだけでは不安なかたへ（株式会社マリンブロック様）

■ワーク：事実をメリットに言い換えてみましょう

例：営業時間は20時までです

↓20時まで営業。お仕事帰りにもお立ち寄りいただけます

例：エステ台は2台あります

↓エステ台は2台ありますので、親子様でペアエステもお受けいただけます

6 「お客様目線」の実践③ 事例（エピソード）を紹介する

「お客様の声」には何が書かれているか

特にサービス業様のＷｅｂ発信では、「事例」（エピソード）の描写が非常に大切です。「何屋さん」「何を売っている」ということが一瞬でわからない「サービス業」様の場合、**事例（エピソード）で説明したほうが伝わりやすく、理解が早い**ものです。ということは、問い合わせや申込みなどにもつながりやすいということです。

鎌倉駅から徒歩すぐの場所に「鎌倉商工会議所」様があります。私も鎌倉商工会議所の会員です。読者様は「商工会議所」あるいは「商工会」という団体をご存知でしょうか。経営上の相談に乗ってくれる会員組織で、税務、労務、法律、ＩＴ、創業等の相談（専門家との取次）や各種共済制度の斡旋、融資制度や各種補助金の紹介などをしてくれます。地域の中小企業の強い味方です。

「商工会議所」あるいは「商工会」という経営支援機関は、知っている人は知っているけれども「聞いたことはあるが、何をしているかよくわからない」というかたも多いように思います。私自身も、このような仕事をはじめる約20年前までは、まったく知りませんでした。

このように「何屋さん」「何を売っている」ということが一瞬でわからない「サービス業」様は、まさに事例（エピソード）で説明すべき最たる業種と言えます。

鎌倉商工会議所様はこのことをよくご理解いただいており、**「会員（お客様）の声」というコンテンツ**を設置し、こまめに情報を追加しています。

「有限会社稲村亭」様は「炭火焼豚」で有名な店舗様です。私もご進物で利用させていただきますが、お相手様にとても喜ばれます。江ノ電沿いにあり、テレビ等でもたびたび取り上げられます。

この稲村亭様の「会員（お客様）の声」では、

◉事業承継時に「不安」を感じたのが、鎌倉商工会議所様を積極的に利用するに至ったきっかけであること
◉販売方法、資金面を含めて具体的なアドバイスが得られたこと
◉俯瞰的、多角的なアドバイスだったこと
◉小規模事業者持続化補助金を紹介され利用するに至り、売上も増加したこと
◉補助金の申請や報告の手続きも一緒に手伝ってくれたこと

などが書かれており、それまで商工会議所という機関をあまりよく知らなかった経営者様、創業予定者様などにも**「具体的でわかりやすい」**説明になっています。

「会員（お客様）の声」ページ（鎌倉商工会議所様）

事例（エピソード）で説明することで自分事になる

事例（エピソード）で説明すると、なぜわかりやすいのか。また、なぜ「問い合わせ」に至りやすいのか。それは、

◉閲覧者が自分と照らし合わせることができる（自分のこととして解釈しやすい）
◉どのような場面でどのような利用をしたらよいのかを知ることができる
◉気さくなコミュニケーションが取れることを理解できる

からに他なりません。逆に言うと、事例（エピソード）がなければ、

◉果たして自分も利用してよいか判断がつかない……
◉どんなときに何が叶えられるサービスなのか知ることができない……
◉どんなコミュニケーションになるのか、怖くて問い合わせをするのをためらってしまう……

ということになりかねません。

鎌倉商工会議所様ではＷｅｂ活用に長けた経営指導員様が中心となり、しっかりと「理に適った」Ｗｅｂサイトリニューアルのプロジェクトになったようです。

事例の示しかたのバリエーション

「事例（エピソード）」を示せるのは「お客様の声」というページだけではありません。甲府市に「ステップアップファースト」様という行政書士試験対策専門スクール（資格試験予備校）様があります。

ステップアップファースト様は3つのコースを中心にしていますが、個人塾なので、受講者一人ひとりに合わせたオーダーメイドのカリキュラムを組むことができます。しかし、ここで「オーダーメイドのカリキュラムを組むことができる」ことだけを訴求すると、次のような疑問が湧いてしまうことでしょう。

◎自分はどんなカリキュラムが最適なんだろう……？
◎「オーダーメイド」はわかるけど、どのようなパターンがあるのだろう……？
◎他の受講生はどうしているのだろう……？

そこでステップアップファースト様は**「コース別の利用例」という情報（＝利用エピソード）を掲載**し、わかりやすく理解しやすいホームページにしています。

ステップアップファースト様はますます人気が出て、執筆時点では通学講座、通信講座とも新規募集停止をするほど盛況だそうです。

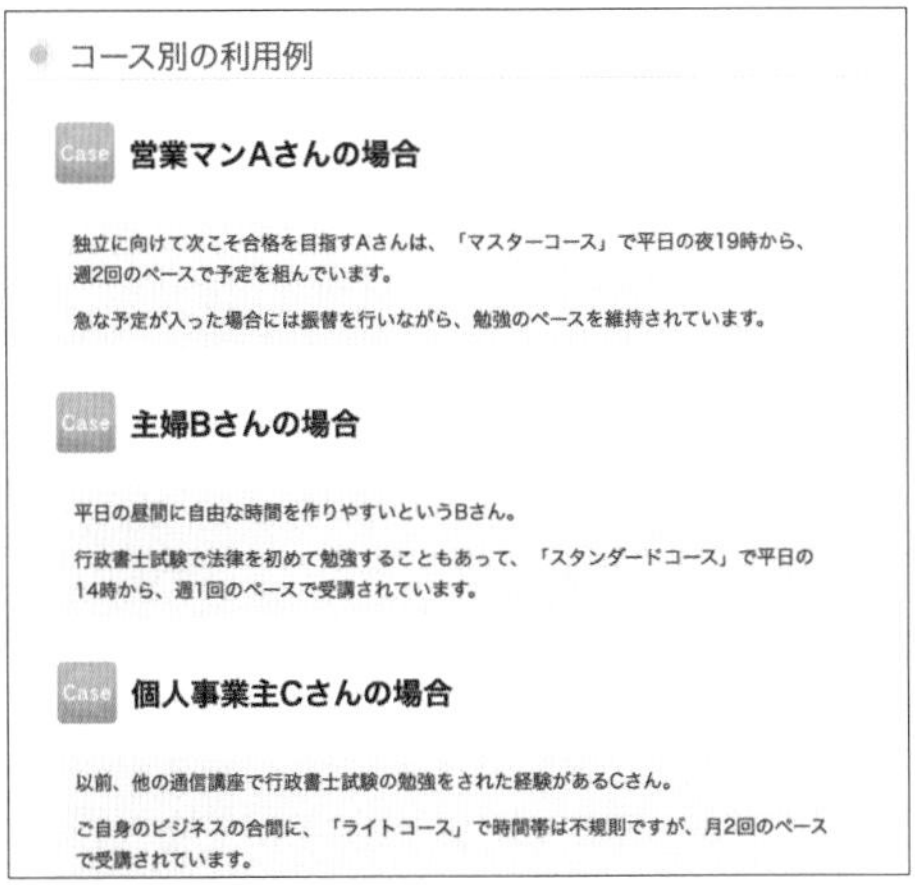

コース別の利用例

Case 営業マンAさんの場合

独立に向けて次こそ合格を目指すAさんは、「マスターコース」で平日の夜19時から、週2回のペースで予定を組んでいます。

急な予定が入った場合には振替を行いながら、勉強のペースを維持されています。

Case 主婦Bさんの場合

平日の昼間に自由な時間を作りやすいというBさん。

行政書士試験で法律を初めて勉強することもあって、「スタンダードコース」で平日の14時から、週1回のペースで受講されています。

Case 個人事業主Cさんの場合

以前、他の通信講座で行政書士試験の勉強をされた経験があるCさん。

ご自身のビジネスの合間に、「ライトコース」で時間帯は不規則ですが、月2回のペースで受講されています。

利用エピソードの例（ステップアップファースト様）

7 「お客様目線」の実践④ 不安と疑問を解消する

Webでの『もてなし』、Webでの『接客』

近所にある「ふじやす水産」様は、いつもニコニコ元気で威勢がよく、とても繁盛なさっている魚屋さんです。素晴らしい目利きでとても美味しく、市内の寿司店さんも、ふじやす水産様で仕入れるほどです。

ふじやす水産様は、ほぼ毎日 Instagram の投稿をなさっています。仕入れや仕込みで忙しい中、こまめな情報発信は頭が下がります。

ふじやす水産様の Instagram 投稿は、**店頭での親切丁寧な接客同様、きちんとした「もてなし」を実践しています**。

筆者も料理をするので、ふじやす水産様を訪問することも少なくありません。ふじやす水産様の魚はいつも確実に美味しいですし、下の投稿を見ると長万部のホッキ貝も購入したいと思うわけですが、

Instagram 投稿の例（ふじやす水産様）

「貝は自宅で捌いたことはないなあ……」

「生でも食べられるのかな……？」


など、「不安と疑問」が頭をよぎることもあります。

そのことをふじやす水産様はよく理解していて、

「店頭で食べかたもそれぞれ説明致しますので、お気軽にお尋ねください」

「殻も外しますので、お気軽にお声掛けくださいね！」


などとキャプション欄に記載しています。まさにこれが「もてなし」です。**「不安と疑問を解消する」このような情報発信を、私は、「Ｗｅｂでの『もてなし』」「Ｗｅｂでの『接客』」と呼んでいます。**

不安と疑問を解消できているか？

ホームページであれＳＮＳであれ、読者様のＷｅｂ媒体について「まったくアクセスがない」ということはないと思います。

アクセスはあるのに、問い合わせや来店に結びつかない。これが一番悩ましい部分ではないでしょうか。

この時に確認していただきたいのが**「不安と疑問を解消できているか？」**というポイントです。不安と疑問を解消することは、行動の後押しをすることになるのです。

滋賀県の南草津にある「リハビリ整体&トレーニングJump」様は理学療法士による整体とトレーニングが一緒にできる整体院として人気です。

「整体とトレーニングが一緒にできる」というところがユニークなところですが、整体だけ行う整体院さんをイメージするかたにとっては「整体とトレーニングが一緒にできる」ということについて「どんなことをするのだろう?」という疑問が湧いてしまう可能性もあると思います。

そこでJump様では**「ご利用の流れ」というページの中で利用方法について丁寧に描写**し、不安と疑問を解消することに成功しているご様子です。

多くの中小事業者様のWeb発信では自店の特徴や強みを訴求するだけになりがちですが、Jump様のように「お客様はどのようなところに不安や疑問を感じるだろうか? いかにそれを解消できるか?」という「Webでのもてなし」を考えて情報発信をしていただければと思います。

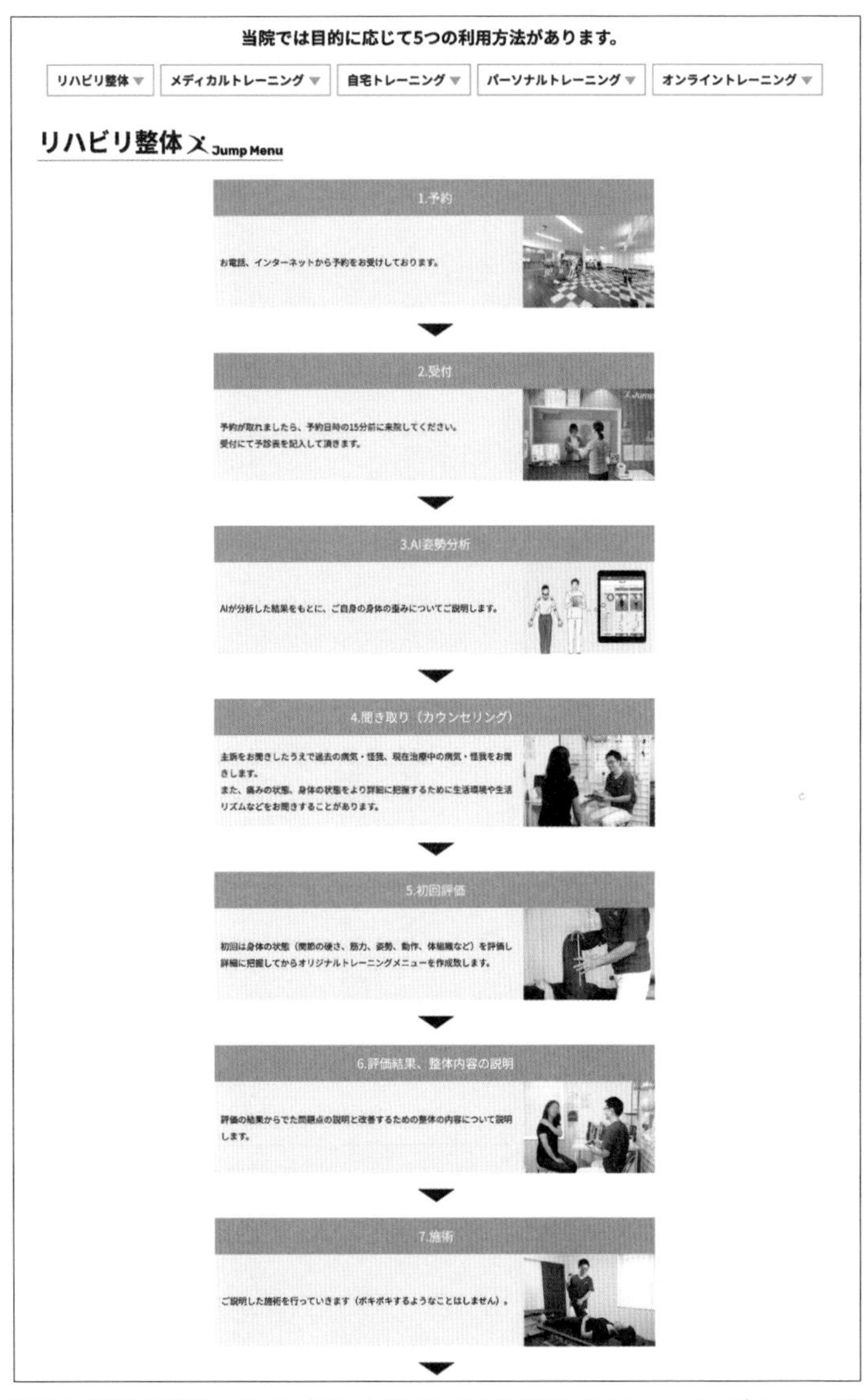

不安と疑問を解消するコンテンツ例（リハビリ整体＆トレーニング Jump 様）

8 「お客様目線」の実践⑤ 行動を呼びかける

「ゴール」へ誘う

情報発信の目的は「お客様に行動してもらう」ことです。来店、資料請求、相談会への参加など、具体的なアクションを取ってもらうための情報発信のはずです。

しかし、多くのホームページ、ＳＮＳ発信では「どのような行動をしたらよいか？」の案内が不十分で、もったいないことをしている事業者様が多いように感じています。

地中海のマルタ共和国への留学斡旋を行う「マルタ留学ドットコム」（株式会社S.H.C. Collaboration）様がいらっしゃいます。19年間で３６４０名以上の留学手続きを代行しているトップエージェント様です。

留学の斡旋（手続き代行／手配）をするビジネスですので、マルタ留学ドットコム様が呼びかける行動は、

◉電話問い合わせ
◉フォームからの問い合わせ
◉留学勉強会への参加

などがあります。この中で「もっともマルタ留学ドットコム様の魅力を伝えることができる」顧客接点として「留学勉強会」に力を入れていらっしゃる同社では、**ホームページの至る所から「留学勉強会への参加」を呼びかけています。**

ホームページを見ているユーザーに「次はどうしたらよいか」（＝留学勉強会への参加が最適です）ということを極めて明確に提示していて、事実、留学勉強会への参加申し込みは非常に増えているそうです。

せっかく取り組むWeb集客ですから、「成果」を手にしたいですよね。ただ漠然と情報発信をするのではなく、勘所を踏まえた情報発信にしていくだけで、成果は目覚ましく変わっていくものと思います。

マルタ留学マル秘ガイドブック

実際に９ヶ月長期留学を経験した弊社マルタ在住スタッフが留学生目線で作成した実用本【成功するマルタ留学　マル秘ガイドブック】をプレゼントいたします！！ご希望の方はマルタ留学勉強会にご参加ください。

› マルタ留学勉強会のご予約

ページの途中にある誘い（マルタ留学ドットコム様）

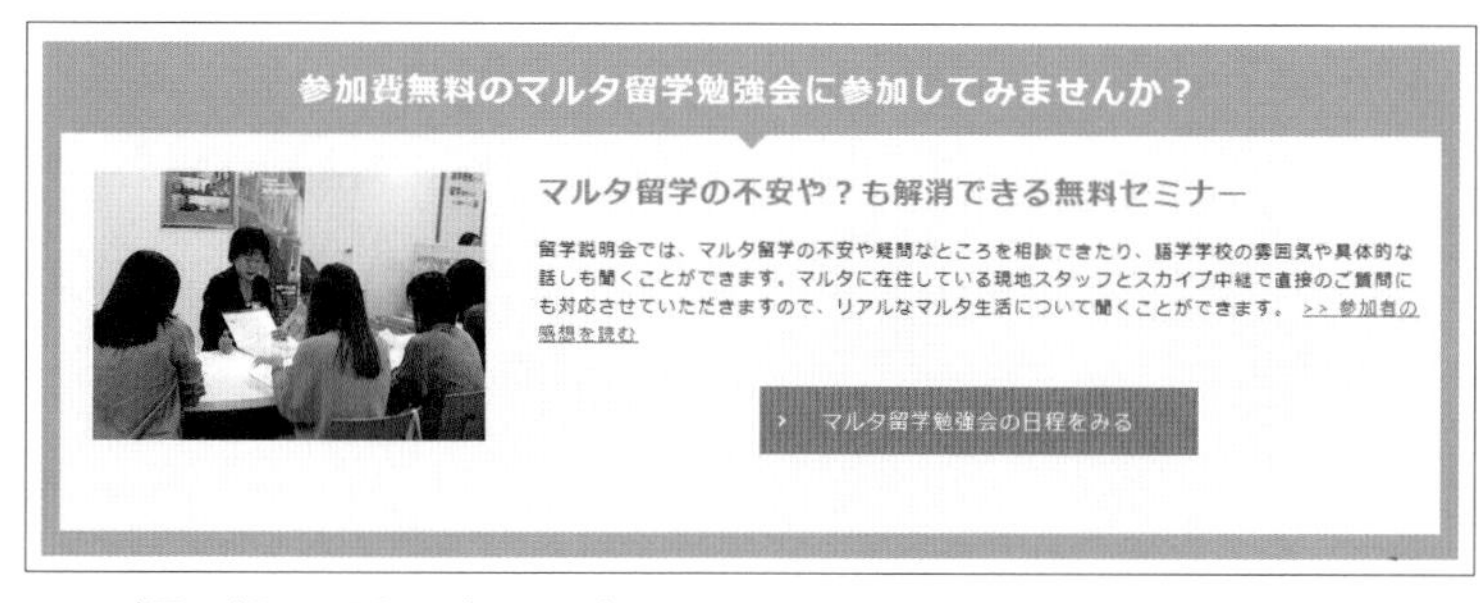

ページ最下部での誘い（マルタ留学ドットコム様）

9 「ネット上の評判」を力に変える方法

「お客様側で勝手に宣伝をしてくれる」理想的な状態

お客様目線で情報発信をすると、読者様の事業所の「価値観」に合ったお客様が集まるようになると思います。

そしてお客様にご満足いただくと「馴染み客」や「得意客」、また「リピーター」などと呼ばれる、ありがたいお客様になっていただけることでしょう。

リピーター様ご自身の再来店、再利用もありがたいですが、**「あのお店は本当によかったよ！」などのクチコミ**をネット上で書いてくださることは、事業所様にとっては**励みになり、またその書き込みから「新規客」と出会えるチャンスも生まれます**。

お客様（ユーザー）が自身のブログ、SNS、クチコミサイトなどのWeb媒体で発信／投稿したものを「UGC」と言います。User Generated Contentsの略で、「ユーザーが作った情報」という意味になります。つまり、ブログ記事やSNS投稿といったクチコミです。

UGCは、いわば「お客様が自発的に発信した情報」ですから、事業者側としては「依頼していないのに自社のことを書いてくれている」ことになり、**「お客様側で勝手に宣伝をしてくれる」ような状態**になります。ありがたいことですよね。

自社にとってポジティブな内容であれば、UGCが多いほうがよいということになりますが、ではどのようにすればUGCが増えるのでしょうか。

①情熱、熱意を伝える

本書の冒頭で私の近所の「珈琲豆吉」という自家焙煎珈琲店様をご紹介しました。ホームページやブログ、Googleビジネスプロフィール、InstagramやTwitter、LINEやYouTubeなど、一切のWeb集客をしていませんが、Instagramで「珈琲豆吉」で検索すると120件以上の投稿がされています。

これは「珈琲豆吉」の店主の情熱や人柄、そしてもちろんコーヒーの味に満足して「つい、人に伝えたくなる」からこそハッシュタグを付けて投稿をしているわけです。

情熱をかけた商品やサービスを店頭でしっかり提供することで、UGCは勝手に増えていくという好例だと思います。

なお、珈琲豆吉様は地方発送を行っていません。本当に美味

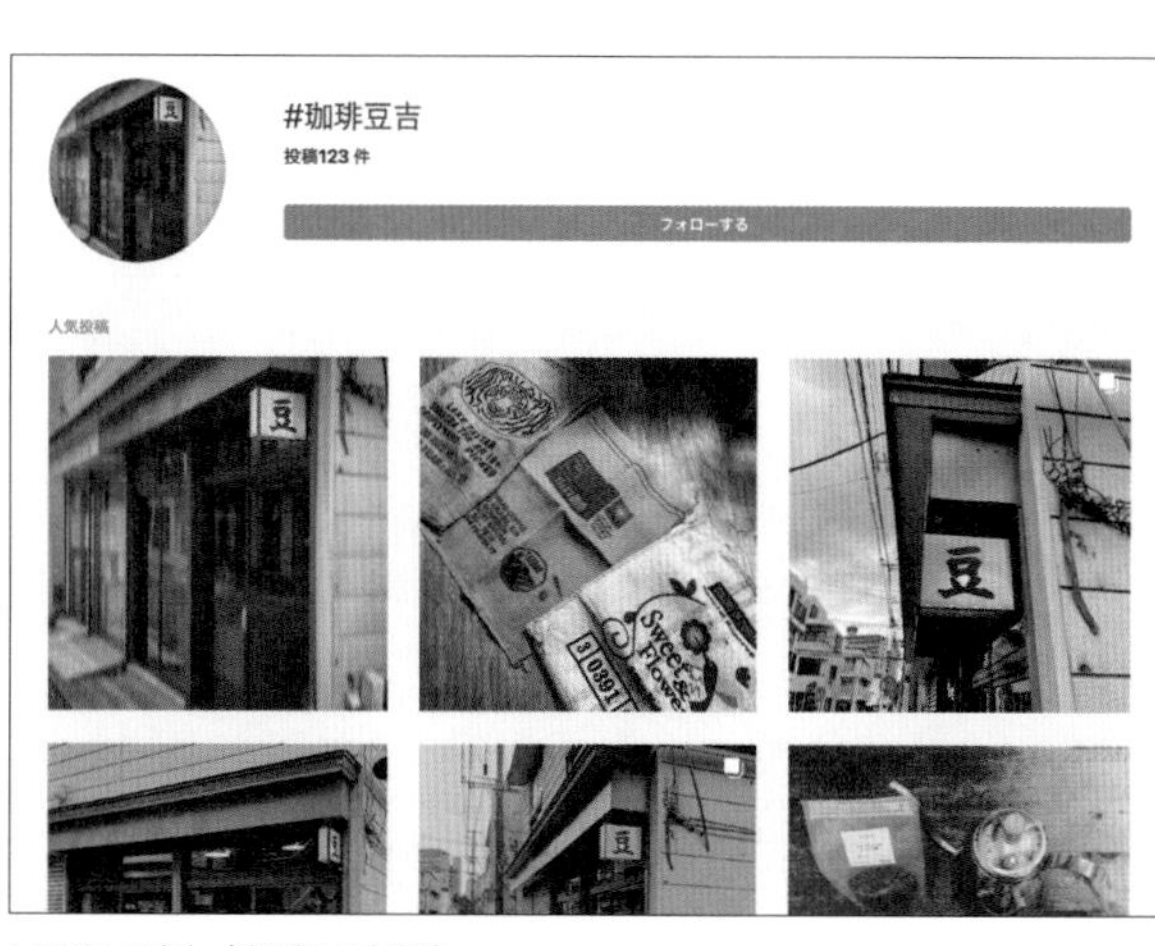

UGCの例（珈琲豆吉様）

しいコーヒーですので、藤沢市にお越しの際は是非お立ち寄りください。

②協賛する

さいたま市の「化粧品店パーミンダイゴウ」（株式会社ダイゴウ）様は、ミスコンなどのイベントに協賛なさっています。そしてミスコンの参加者などがTwitterで「今日はパーミンダイゴウさんでファンデーションを購入しました！」などの投稿をしています。これこそUGCです。

パーミンダイゴウ様自身はTwitterを運用していませんが、**イベントに協賛する副産物として、UGCの恩恵が得られているという状況**です。

余談ですがパーミンダイゴウ様はYouTubeが非常に面白いです。おそらく日本一YouTubeをうまく使っている化粧品店様であると思います。

「イベント協賛」は当然お金がかかることですが、それに近いものとして**「仲間や地域と関わる」**という方法もあります。団体やコミュニティと関わりを持つことで、そのメンバーからのUGCが自然発生することもあります。

また、**「他店とコラボ企画をする」**（共同でイベントなどを行う）ことや、InstagramやTwitterでの**「ハッシュタグキャンペーン」**（自店についてのハッシュタグを付けて投稿したら抽選でプレゼントをする）なども、自店についてのUGCを生むきっかけになります。

③ユニークな企画をする

静岡県熱海市にある「杉本鰹節商店」様は明治22年に創業した昔ながらの鰹節専門店です。

杉本さんのユニークなところは、自宅で削らずにそのままになっている鰹節を預かり、プロの手により削ったものを返送するサービス「お宅に眠っているかつお節削ります」という企画を実施しているところです。1グラムあたり2円＋税と送料で硬い鰹節を削ってくれるとあって全国から注文が入るそうです。

この企画で、もともと持っていた〝アイデアマン〟の才能が開花したのか、「オリジナル名入れ鰹節削り器」「バニラアイスにかけて美味しい鰹節」「バレンタイン用みそ玉」などユニークな商品を続々と開発しました。

これらの商品と取り組みが地元新聞社を中心に取り上げられ、全国紙やテレビに出演するほどになりました。そしてそれを話題にするUGCも多く発生しています。

もちろん、取材されるようになった原点は、①の鰹節に対する「情熱、熱意」があったからに他なりませんが、**ユニークな企画をすることで、取材その他へつながった好例**と言えます。

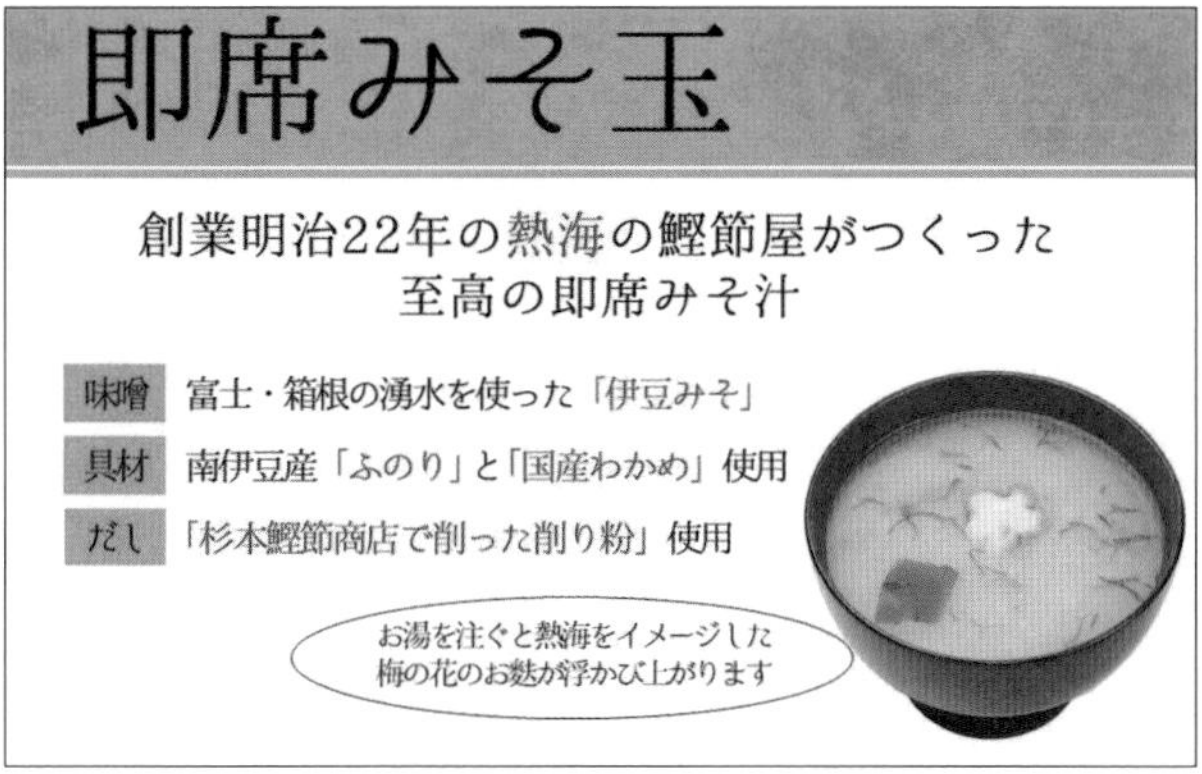

即席みそ玉

創業明治22年の熱海の鰹節屋がつくった
至高の即席みそ汁

味噌	富士・箱根の湧水を使った「伊豆みそ」
具材	南伊豆産「ふのり」と「国産わかめ」使用
だし	「杉本鰹節商店で削った削り粉」使用

お湯を注ぐと熱海をイメージした
梅の花のお麩が浮かび上がります

杉本鰹節商店様の人気商品「みそ玉」

chapter 11

10 アクセス解析で「お客様目線」の検証をする

「味見」をしながら進めていく

やったほうがよいのに、ほとんどの中小事業者様がWeb活用においてやっていないことの代表例が「アクセス解析」です。

「解析」という言葉から、さぞかし難しいようなイメージになるのでしょうか。もしくは「どこを見ていいかわからない」という経営者様が多いように感じます。

料理を作るにも、火加減を見て、音や香り、色付き、また味見などをして完成すると思います。それらをまったく行わなくても料理は完成しますが、**イメージと違う味になった場合に、次にどう修正すればよいかわかりません**。チェックし、確認しながら調理することで、次に活かせるのではないでしょうか。

ホームページなどの「アクセス解析」も同様です。それを

今の状態をチェックし、次に活かす

せずＷｅｂ運営をしていくこともできなくはないですが、数字をチェックしないと「今後どうすればよいか」という指針が得られません。

アクセス解析ならGoogleアナリティクス

アクセス解析ツールでおすすめなのは「Googleアナリティクス」です。

Googleアナリティクスでデータを見ていくには、ホームページやブログに設置する必要があります。ご自身で設置するのが難しければ、ホームページ制作会社さんなどに依頼（有償）してもよいでしょう。

Googleアナリティクスでは、主に次のようなことがわかります。いずれも、今後のＷｅｂ運営の指針となるものでしょう。

■ **ユーザー（閲覧者）はどんな人か？**

- 初訪問か？　リピーターか？
- 何秒間（何分間）見てくれたのか？

Google アナリティクス
https://marketingplatform.google.com/intl/ja/about/analytics/

・どの街からの閲覧か？
・スマホで見たのか？パソコンで見たのか？

■どこを起点として閲覧したのか？
・検索エンジン経由か？
・SNSからのアクセスか？
・広告からのアクセスか？
・どこかのページで紹介されての閲覧か？

■どのページを見たのか？
・もっとも閲覧が多いページは？
・あるページから、次にはどのページを見たのか？

一概に断定はできませんが、一般的な中小事業者様の場合は、
◎閲覧時間は極端に短い（例：数十秒）よりも長いほうが好ましい
◎1回の閲覧あたりでは、1ページではなく複数ページが見られるほうが望ましい
◎新規の閲覧のみならず、一定数のリピート閲覧があったほうが望ましい
と言えます。それは、そのほうが、**お客様がしっかり見てくださっているという推測になるから**です。

なお、個人的な話で恐縮ですが、私は「セミナー講師の受託」「コンサルティングの受託」などを目的にWebを運営しています。

そしてそれらの目的が達成できたときのアクセス解析を見てみると、たいてい「5ページ以上」の閲覧があります。また、例えばコンサルティングの依頼をしてくださったかたが、数日前から毎日複数ページを閲覧してくださっていた、ということもよくあります。

「しっかり閲覧されている」ことが「内容にご満足、ご納得いただいている」ことを意味し、ひいては「申し込みに至る」という流れになるのだと思います。

Googleアナリティクスについては機能も多く、どこを見るべきかということは専門図書をご参考いただければと思います。一例ですが、私がおすすめするGoogleアナリティクスについての書籍は次のものです。

◎小川 卓、工藤 麻里、『いちばんやさしい Google アナリティクス 入門教室』ソーテック社刊
◎窪田 望 他、『1週間でGoogleアナリティクス4の基礎が学べる本』インプレス刊

chapter 11 のおわりに

まずは、やってみましょう

◉「スモールキーワード」の意識で、自社がどのようなキーワードで勝負していくかを定めましょう。エクセルなどに書き出しておくのもおすすめです。そしてそのキーワードでの情報発信を開始しましょう（ブログやYouTube、ホームページなど）。

◉ここまで本書をお読みいただき、「Ｗｅｂ集客に取り組んでいこう！」とお考えのかたは、ぜひ「アクセス解析」を行うことをおすすめします。ホームページやブログには「Googleアナリティクス」（や「Googleサーチコンソール」）というアクセス状況を知るツールを入れることができます。各種ＳＮＳにはもともとアクセス解析機能が備わっています。設置が難しければ有償であってもプロ（制作会社さんなど）に依頼しましょう。

chapter 12

Web集客
お悩み解決 相談室

1 「炎上」が怖くてWeb集客を躊躇するあなたへ

不誠実な言動をしなければ炎上することはない

「炎上が怖いので、当社はSNSをやっていないんです」という経営者様のお話を何度となくお聞きしてきました。炎上とは、ネット上で大きくバッシング（批判投稿）などをされることです。

その度に私は**「真面目に商売をされている事業者様が炎上することはありません」「炎上は、自社がSNSをやっていなくても起こります」**というお話をさせていただきます。

真面目にご商売をされている事業者様は、不誠実な言動をしないことはもちろん、

◎他社批判
◎お客様の批判
◎過度に政治宗教的な話題

などは投稿しないことに気をつけていただければ、炎上する余地はありません。

一方、「炎上は、自社がSNSをやっていなくても起こる」というのは、例えば店内で店主が不誠実な接客をしていた場合、お客様がその事実についてSNSで投稿したり、クチコミサイトに投稿したりすると、

それが火種となって炎上することがあり得ます。そのお店がSNSを一切やっていなくても、お客様側が起点となり炎上することもあるのです。

いずれにせよ、**不誠実な言動をしなければ炎上することはありません**。一般的な、真面目にご商売をされている事業所様は、過度に心配せず、SNS発信等のWeb集客に取り組んでいただきたいと願っています。

Column

SNSリスク対策は従業員本人のため

経営者様の立場では、自社の従業員がSNSで不適切投稿をすると「自社のイメージダウンにつながる」という意識をお持ちです。また、それは事実です。

一方、そのような不適切行為で一番困るのは「従業員本人」であると思います。

SNSリスク研修のご用命が年々増えているのですが、参加される経営者様には「会社のために、変な投稿はしないでね」ということではなく、「従業員自身の人生を守るため」という観点でSNSリスク対策を従業員様に説明してあげてほしいとお伝えしています。

SNSで炎上するような不適切投稿では、ほぼ間違いなく個人が特定されます。個人が特定されると、その家族や友人も特定され晒(さら)されることもあります。そしてそのような晒された情報は、ネット上に半永久的に残ってしまうのです。

新入社員様向けのSNSリスク研修では「ご家族が、あなたの名前で検索した時にあなたが晒されていたら、どんな気持ちになるでしょうか」と問いかけると、皆様かなり神妙な面持ちになります。

2 Web集客で気を付けたいポイント

文章表現上で気を付けること

セミナーでの質疑応答の時間で意外に多いご質問は「ホームページを作るときに気を付けなければならないポイントはありますか？」というものです。

「気を付ける」というのがさまざまな意味を含みますので意外にお答えが難しい質問なのですが、よくお聞きすると**「文章表現上で気を付けることとは？」**というご質問であることが多いようです。

文章表現には法令、規則が絡んできます。ですから、ホームページ等を作る際にまず気にしていただきたいのは**「法令、規則を守ること」**になります。

代表的な、ホームページ等を作るときに気を付けたい表現、その関係法令をご紹介します。いずれも、詳しくは法律の専門家様

NG文章表現と関係法令

文章表現	関係法令
「お肌がプルプルになります」「抗酸化作用があります」など、医薬品でない健康食品が効能効果をＰＲすることは禁じられています	**薬機法**
「ナンバーワン」「日本初」「今回だけ限定」など、根拠なく最上級表現を使ってはいけません	**景品表示法**
工業製品は工業所有権（特許権、実用新案権、意匠権など）のかたまりです。メーカーや所有者に許可なく工業製品を掲載するのは控えましょう	**工業所有権**
「わが社の社長が新聞に載りました！」などといって新聞の大写しをホームページに掲載してはいけません	**著作権**

にご確認ください。

Column

「お客様が使っている言葉」でWeb発信する

ホームページもSNSも、自社の都合だけで情報発信ができてしまうので、気を付けていないといつの間にか「お客様が理解できない」言葉を使ってしまうこともあります。そうすると、お客様に響かないばかりか、そもそも「検索されない」可能性も出てきます。

「Googleトレンド」は、どんな言葉が検索されているかの「度合い、推移」がわかる無料ツールです。例えば下図は「注文服」「オーダースーツ」という言葉がどれだけ検索されているかを示しています。

地を這っているような低空飛行の折れ線グラフが「注文服」、そして上昇傾向にあるのが「オーダースーツ」です。

もし貴店が紳士服店様であれば、「注文服」「オーダースーツ」どちらの言葉で情報発信したほうが「届く、響く」のかは一目瞭然ですね。Webの発信は、あくまでお客様に届いて、響くことが肝心ですので、語用には気を配っていきましょう。

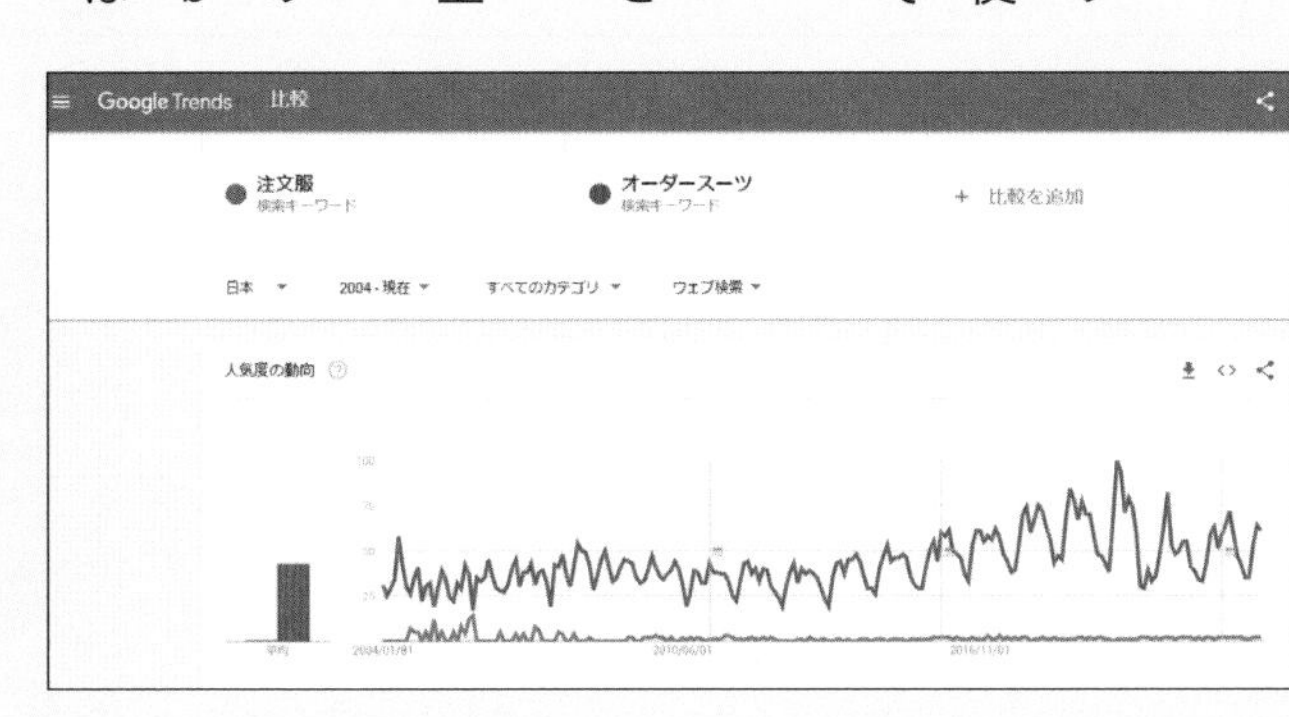

chapter 12

3 ブログを書くなら「○○文字以上」って本当ですか?

小手先テクニックに惑わされないために

Web活用の現場では「都市伝説」のような不可思議な話も多いものです。このことが中小事業経営者様を混乱させているのかと思うと、本当に心が痛みます。

都市伝説の最たるものが「文字数」の話です。

「ブログは1500文字以上書かないとだめと聞きましたが本当でしょうか?」

「制作会社さんから、『ブログの文章量をいまの3倍にしないと検索順位が上がっていかないからもっと頑張って書いてください』と言われましたが、この説明は本当でしょうか?」

など「文字数」の都市伝説について苦慮されている経営者様が目立つように思います。

私はこの話を聞くと、料理と塩の関係のことを思い出します。共働きなので私もよく料理をします。子供は正直なので、美味しいものにはどんどん手が出ますし、その逆も然りです。色々と工夫して家族に美味しく食べてもらうのが喜びになっています。

調理をする際、「塩」を入れるケースは多いと思います。例えば鶏と大根のスープを作る際、塩を大さじ1入れたら美味しくて子供もよく食べてくれたとします。

では、すべての料理に毎回「塩大さじ1」を入れるべきでしょうか？　そうではありません。まさによい塩梅の適量があると思います。この適量とは、「食べた人が美味しいと感じる量」のことです。

ブログやホームページ、SNS投稿の「文字数」もまったく同じです。**読んでいるお客様（ユーザー）にとって適量かどうかこそ、唯一の解**なのです。

「毎回1500文字以上書ける自信がないので、ブログをはじめていないんです」というお話を中小企業経営者様から直接伺ったことがあります。また逆に、「Instagramのキャプション（説明文）は極力短いほうがよいと聞いたので150文字程度までに切り詰めています」というお話も伺ったことがあります。Web活用の現場にいる者として、本当に、本当に申し訳ない気持ちになります。

「文字数は一切関係ありません。お客様（ユーザー）にとってよい内容であれば、何文字でも大丈夫ですよ」とご説明しています。読んだ人が「へえ、なるほどなあ」と思えるような内容であれば、短くても長くても大丈夫なのです。

今後もWeb活用については、さまざまな「テクニック」を見聞きすることでしょう。その際は、「お客様にとってそれが有益なことなのか？」を自問していただければと思います。

4 Web集客でもむしろ重要な「アナログ施策」

ポスティングでホームページへのアクセスが急増

この本はWeb集客についてご提案するものですが、販促施策はWebだけではありません。チラシや看板といった、**従来からある「アナログ施策」も非常に有効**です。

例えば以前、とあるお店がポスティングをしたあと、**5日間にわたり、Googleビジネスプロフィールの情報欄からホームページへのアクセスが急増**したことがあります。

これには、①チラシというアナログ媒体で興味を持った→②Googleでその店名にて検索した→③Googleビジネスプロフィールを見てさらに興味を持ったのでホームページを閲覧した、という動きが見て取れます。とても自然で、じゅうぶんあり得る動きだと思います。

また、別の小売店様では、LINE公式アカウントの友だちが増えるきっかけとして一番有効なのは「レジ袋に入れるチラシだ」とおっしゃっていたこともあります。

◎チラシを見た。その後、SNSでもそのお店のことを見た

◎Googleマップの検索で見たことがあるお店のポスティングチラシが入ったので、改めてしっかり見てしまった

◉看板を見て気になったのでInstagramのアカウントを探してフォローした

など、お客様が複数の媒体で「情報確認」をするケースも多いことでしょう。

第4章でもご紹介した静岡県富士市の自家焙煎コーヒー専門店「STERNE（シュテルネ）」様も「切らしていたショップカードやフライヤーが届きました。」と投稿なさっています。

お客様としてはWeb上の情報とアナログ媒体が照合しやすくなり、より記憶に残りやすいと思います。自然で、とてもお上手な投稿だと思います。

Web集客は従来のアナログ施策を否定するものではありません。お客様はいつも多忙であり、一度情報に触れただけでは忘れてしまうことも多いと思います。**ぜひ複数のメディアでお客様との接点を持ちたい**ですね。

STERNE様のアナログ施策に関するInstagram投稿

chapter 12

5 ちょっとした言葉遣いでうまくいく

返信の温度感

Twitter や Instagram などSNSは、ホームページとは違い「発信した内容についてコメントが付く」可能性があるツールです。

この投稿やコメントは基本的には一般ユーザーも見ることができるので、「その事業所/お店の印象」を左右することがあります。

そこでご提案したいのは、**「もらったコメントと同じか、それ以上の〝温度〟で返信する」**という点です。

ただ単に「ありがとうございます。」では、コメントをしたユーザーは「あ、コメントを入れちゃいけなかったのかな……」と、シュンとした気持ちになりますし、見ている側も「あ、このお店、けっこう素っ気ないんだ……」という印象になりかねません。

SNSは基本的にコミュニケーションツールです。「もらったコメントと同じか、それ以上の〝温度〟で返信する」というポイントを押さえ

「投稿を拝見しました (^^)
とても素晴らしい取り組みですね～」

返信例

 「ありがとうございます。」

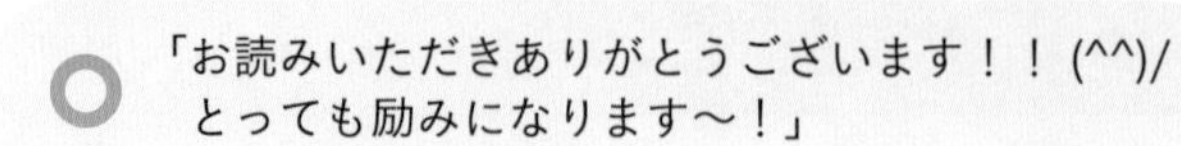

○ 「お読みいただきありがとうございます！！ (^^)/
とっても励みになります～！」

ていただければと思います。

他ユーザーの目を意識したコメント

繰り返しになりますが、コメントは基本的には一般ユーザーも見ることができます。その特性を踏まえ、**返信等のやりとりを見る他ユーザーの目を意識して、他事項もＰＲするというのもおすすめ**です（下の図）。

ＳＮＳの返信等ではできれば「ユーザーと同じ言葉を使う」のもポイントです。

アパレル店に行って、「ズボンが欲しいのですが……」と言ったら店員さんが「パンツですか？」とか「トラウザーズのことですか？」と返してきたら、ぎこちない雰囲気になると思います。私は旅行業で社会人生活をスタートさせたのですが、「航空券のことをお客様が『切符』とおっしゃったら『切符ですね』と接客していく」ということを先輩に教えられました。

そういった配慮からも、ネットのユーザーに「あ、このお店は自分のことをわかってくれるんだ」という感覚を持ってもらえるものと思います。

「まずはお客様に共感する」ということですね。

「ラタンのカゴの修理もできるのですね！ 凄いです」

返信例

「そうなんです。最近増えていますよ！(^^)
他にはアクセサリーの修理も増えてきています。
職人がきちんと対応しますよ (^^)/」

6 人手が足りない、時間がない……Ｗｅｂ集客を効率化するコツ

中小企業経営者が一様におっしゃるのは、「Ｗｅｂは取り組みたいけど、とにかく毎日バタバタと忙しい」ということです。また、「操作がよくわからない」「スマホやアプリの動かしかたがわからない」というお声も多いです。

そのような、難しい面がありながらＷｅｂ集客を進めていこうとされている頑張る中小企業経営者様に、いくつかのご提案をさせていただきます。

①ネタ目線を持つ

Ｗｅｂ運営で一番おすすめできないのは、パソコンやスマホ・タブレットに向かってから「さて、何を投稿すべきか……」と考えはじめることです。これがもっとも非効率なので、すぐにやめてください。「考える（考えつく）」のと「投稿作業をする」のはまったく別の作業だと思っていただくほうが効率はよいです。

日々のお仕事の中で、「あ、これは今度のブログに書こう」とか「これは動画で説明したほうがいいかな」など、ある意味で**仕事のすべてがＷｅｂ集客につながっているようなイメージを持つことをおすすめします。**

これを**「ネタ目線」**とも言います。

仕事中に何かのトピックがあった際は、「投稿ネタが増えた」と喜べるように、そのうちになっていくと思います。

②輪番制にする

Web運営をお一人で頑張ろうとすると行き詰まりやすいです。スタッフ様がいる場合は、**スタッフ様を巻き込んで投稿を輪番制にするなど、分散化を図ってください**。そのほうが投稿のバリエーションが広がり、またスタッフ様の人となりも出やすく初回接客時の話題作りにもなったりしますのでおすすめです。

なお、Web運営にスタッフ様も参加してもらう場合は、ぜひそのことを適正に「評価」してあげてください。あくまでも仕事として役割を与えるわけですから、適正な評価が行われないと「私はこんなに頑張って投稿しているのに……」と、働く意欲も下がってしまいます。

③その日にあったことを発信しなくてもよい

SNS等では、あたかも「その日にあったフレッシュな話題を発信するべきだ」という誤解を持つ事業所様もいらっしゃいます。

決してそんなことはありません。**1週間や1ヶ月、それより過去の話でも何ら問題ない**のです。お店や会社様が「どんなお客様に、どんなふうに利用され、どう喜ばれているのか？」がわかればよいので、「以前、こんなご相談をいただきました」のような話題も遠慮なく投稿してください。

④一つのネタを何度も使う

Instagramを巧みに使う「内藤金物店」様はTwitterの使いかたもお上手です。

例えば右下の図では、10月21日の投稿を、10月26日にご自身で「リツイート」しています。

まったく新規に投稿内容を考えるのではなく、**過去の投稿を利用して発信する**ということですね。これは効率を考えても、とてもお上手だと思います。

また、このような投稿をすると表示面積が大きくなり目立つという効果もあります。

ご自身の投稿へご自身で「コメント」
（内藤金物店様）

内藤金物店フライパンの店 富士山の麓の金物屋
@ntkanamono
10月いっぱい開催中です！内藤金物店の道具も並んでいます。
内藤金物店フライパンの店 富士山の... @ntkan... · 2021年10月21日
今月いっぱい開催中、キト暮ラスカ展示販売イベント「暮らしの道具」。内藤金物店とまた違った雰囲気で楽しめます
富士ホーローのお鍋とウルシヤマ金属の窒化鉄フライパンが売り切れていたので補充に行ってきました
イベントの詳しい様子はこちらから見られます↓↓
naitokanamono.net/post/20211014k...
このスレッドを表示

以前の投稿をご自身で「リツイート」
（内藤金物店様）

⑤パソコンの買い替えや他の機器での操作を検討する

コンサルティングをさせていただくときには基本的にその事業所様を訪問するのですが、

◉10年以上前に買ったパソコンを使っていて、動作が非常に遅くなっている事業所様
◉「スマホは字が小さくて見えにくくて……」とおっしゃり、そこでWeb集客をストップなさっている経営者様
◉アプリでやりたい操作ができず、そこでWeb集客をストップなさっている経営者様

が非常に多いことに気づきました。つまり情報発信「以前」の段階でお困りの経営者様がとても多いようなのです。

率直に、次の点を謹んでご提案させていただきたいです。

◉**経営資源の中でも大切なのは「時間」かと思います。パソコンの起動に1～2分かかっていたり、ネットで新しいページを開くのに数秒かかったりするようであれば、パソコンとしては「世代交代」が必要なタイミングを示しています。パソコンが急に動かなくなるというリスクもあります。**

パソコンの動作の遅さはイライラを募らせ、またそのことでWeb発信が億劫になってしまう経営者様も少なくありません。情報発信の大きな機会損失ですし、また貴重な「時間」というものを奪ってしまいます。

ぜひパソコンの買い替えは前向きに検討していただきたいなと、切に願っています。

　パソコンの動作を快適にするために特に大切なのは「メモリ」というものです。ご予算が許す中でできるだけ「数値の大きなメモリ」にすることをおすすめいたします。詳しくは電器店の店員さんなどにご相談ください。

■タブレットの購入を検討する

　スマホが見えにくくて、それで億劫になってストップしている経営者様は多いです。そこでご提案ですが「タブレット」を購入されるのはいかがでしょうか。

　タブレットは「スマホが大きく見やすくなって、でも通話機能が付いていないもの」です。スマホより見やすく操作もしやすいですよ。一般的にスマホよりも安価です。こちらも詳しくは電器店の店員さんなどにご相談ください。

■相談できる人をつくる

「ささいな」という表現は本当に申し訳ないのですが、「本当にちょっとしたこと」をきっかけにWeb集客をストップなさる経営者様も少なくありません。次にどのボタンを押せばよいのかわからない、なぜかエラーが出る、などです。「スマホの操作を息子に聞いても教えてくれなくて……」というお悩みもよく伺います。

　そこでご提案ですが、商店街の仲間、経営者仲間に聞いたり、商工会議所や商工会、よろず支援拠点のような公的な経営相談機関のスタッフ様に聞いたりして、**「操作上のお困り」は躊躇なく解消すること**をご提案します。

自分の操作が正しいのかどうか、あるいは合理的な操作なのかは、「他者の目」で確認してもらうのが一番手っ取り早いです。すごく非効率な操作方法を数年間続けていらっしゃった経営者様のケースもあります。ちょっとした「つまずき」はすぐに「解消」に向かって相談を進めてください。

あとがきに代えて

セミナーで各種Ｗｅｂツール活用のご提案をさせていただくと、「各ツールの使い方、使い分けは理解できました。ところでＷｅｂ活用については、どこまで、いつまで行うべきものなのでしょうか？」というご質問が出ることがあります。なかなか深い問題だと思います。

特にＷｅｂ活用初期においてかなり苦労したり、投稿ネタが思いつかなかったりと大変な思いをした経営者様で「こんなことをずっと続けなければならないのか……」のような、気が重い様子のかたも少なくありません。

しかし次の点で、**だんだんとＷｅｂ活用の効率がよくなり、苦労も少なくなる場合が多い**ので、ご安心いただきたいなとも思っています。

・ＳＮＳ投稿などのルーチン作業、またスマホやタブレット、パソコンの操作自体にだんだん慣れてくるので、混乱や大変さは軽減されていきます

・複数のスタッフとの協力（輪番制など）で進めていける仕組みが作れれば、各人の作業量は軽減されていきます

・ＵＧＣ（お客様や仲間がネット上でクチコミ、書き込みをしてくれること）が発生するなど、自店の力以上の力が働きはじめると、情報発信力が強化（効率化）されることになります

そして何より、Ｗｅｂを活用することで新規客が増え、またリピートも増えてくると、お店としての売上がじゅうぶん立つことも多いでしょう。**固定客が増えれば定期的なニュースレターや特売ハガキなどアナログ施策、紹介だけでじゅうぶん回っていくことも少なくないと思います。**

実際、当方クライアント様でも、Ｗｅｂ活用を「卒業」したかたもいらっしゃいます。


自転車をこぐのも、「こぎはじめ」が一番大変かと思います。軌道に乗ると大変だという感覚はなくなり、お客様からの反応や、来店時に「この前、Instagramで紹介していた新商品ある？」などの反響を感じるようになると、とたんに楽しくなってしまうと思います。

明るく楽しく情報発信をして、貴社貴店の魅力を存分にＰＲしていただければと思います。

■まずは、やってみましょう

・本書をお読みいただき、内容が簡単に感じた場合は、すでに「Ｗｅｂ活用中級者」以上の仲間入りをしていると思います。それぞれのツールについての専門書籍を読む、もしくは各種セミナーに出席してブラッシュアップをするなどをご検討ください
・本書をお読みいただき、難しく感じた場合は、どの部分が難しいか、ネックになっているかを解消したほうがよいと思います。お近くの商工会議所／商工会や「よろず支援拠点」などの公的な経営相談機関でＷｅｂ活用に長けた専門相談員さんを紹介してくれると思います。それらの無料の（もしくは廉価の）経営相談をうまく活用してください

著者プロフィール

永友一朗（ながとも いちろう）

ホームページコンサルタント永友事務所代表

1973年生まれ　神奈川県藤沢市出身・在住
旅行会社、財団法人勤務を経て独立。ホームページの自作（自社運営／Webマスター）・発注・受注の実務経験がある「中小零細企業のホームページ運営・改善実務」に精通したコンサルタント。「実践的で、とにかく話がわかりやすい」とクライアントから評されている。
起業予定者から小売飲食サービス業、製造業などの小規模事業者をはじめ商店街、県庁、国立研究機関、Webシステム会社など幅広いクライアントに助言指導中。東証一部上場企業や省庁へのSNSリスクコンプライアンス研修も実施。
「お客様目線でホームページのあり方そのものを見直す」というシンプルな手法でホームページの「営業力そのもの」を高める仕組みと成果が評価されている。また自らブログ／ホームページ／SNSでコンサルティング契約や執筆、講演を受託している実践派。

【著書】
Googleマイビジネス 集客の王道～Googleマップから「来店」を生み出す最強ツール（技術評論社）　他

【公職・登録】
神奈川県商工会連合会登録「エキスパート」
東京都商工会連合会登録「エキスパート」
山梨県商工会連合会登録「エキスパート」
栃木県商工会連合会登録「エキスパート」
（公財）神奈川産業振興センター登録経営アドバイザー
（公財）横浜企業経営支援財団登録横浜ビジネスエキスパート
（公財）千葉市産業振興財団登録専門家
（一社）日本皮革産業連合会企業支援ネットワーク登録Web活用アドバイザー
川崎商工会議所専門相談員
鎌倉商工会議所専門相談員
川崎市中小企業サポートセンター（公益財団法人川崎市産業振興財団）登録専門家
Google社公認Googleビジネスプロフィールプラチナプロダクトエキスパート

ホームページ

Instagram

イラスト　坂木浩子
装丁　萩原睦（志岐デザイン事務所）
編集　石井亮輔

【お問い合わせについて】
本書の内容に関するご質問は、Webか書面、FAXにて受け付けております。電話によるご質問、および本書に記載されている内容以外の事柄に関するご質問にはお答えできかねます。あらかじめご了承ください。

〒162-0846
東京都新宿区市谷左内町21-13
株式会社技術評論社　書籍編集部
『Web集客の超基本　あなたに最適なツールで、効率よく売上アップを叶える常識64』質問係
FAX番号　03-3513-6181
お問い合わせフォーム　https://book.gihyo.jp/116

なお、ご質問の際に記載いただいた個人情報は、ご質問の返答以外の目的には使用いたしません。
また、ご質問の返答後は速やかに破棄させていただきます。

Web集客の超基本
あなたに最適なツールで、効率よく売上アップを叶える常識64

2023年2月28日　初版　第1刷発行
著者　永友一朗（ながともいちろう）
発行者　片岡 巌
発行所　株式会社技術評論社
東京都新宿区市谷左内町21-13
電話　03-3513-6150 販売促進部
03-3513-6185 書籍編集部
印刷／製本　日経印刷株式会社

定価はカバーに表示してあります。

造本には細心の注意を払っておりますが、万一、乱丁（ページの乱れ）や落丁（ページの抜け）がございましたら、小社販売促進部までお送りください。送料小社負担にてお取り替えいたします。
ISBN978-4-297-13298-9 C3055
Printed in Japan